Reliability-Based Design for Structures

構造物
信頼性設計法
の基礎

POD版

鈴木基行 著

森北出版

まえがき

　本書は，建設技術者を対象とした橋梁や建築物などの構造物の信頼性設計法の基礎として執筆したものである．また本書は，構造物の信頼性設計法の基礎事項を扱っており，土木工学や建築学を学ぶ学部生や大学院生の構造信頼性設計学の教科書あるいは参考書としても使うことができる．

　構造物の設計の体系は，基本的には，材料や部材さらには構造物の挙動の評価と荷重や各種作用による応答値の評価ならびに工学的判断により組み立てられている．設計においては，限界値（耐力や終局変位など）と応答値（断面力や応答変位など）の大小関係の比較により照査（安全かそうでないかの判断）が行われている．しかし，これらの値の評価において，さまざまな不確実性が介在し，その不確実性のため，設計には従来から安全率なるものが導入されてきた．

　歴史的にみると，構造物の設計法は，許容応力度設計法，終局強度設計法，限界状態設計法，さらには性能照査設計法へと変遷してきた．これらの設計法においては，安全性の確保の仕方に相違があり，部材の挙動の解明が進むにつれ，また不確実性の扱い方がより定量的・理論的なものになるにつれて，設計法自体がより合理的なものになってきた．

　限界状態設計法や性能照査設計法は，本来信頼性理論に基づくものであり，ISOにおいても信頼性理論に基づく設計法が提唱されている．

　設計にかかわる各構造変数は，確定値ではなく，ばらつきを有している．そのため，限界状態の設定や，ある作用・荷重に対し安全かどうかの判断も本来は確定的に行うよりは確率論的に行うほうが合理的である．その際，有効な道具となりうるのが，統計・確率に基づく信頼性理論を基礎とした設計法である．

　信頼性設計法は，部材の挙動や応答がある限界状態に達する可能性（確率）をある許容値以内に抑える設計法である．そのためには，不確実性の設定，荷重や作用の設定，限界状態や限界状態式の設定，限界状態に達する確率（一般に破壊確率という）の算定，目標破壊確率の設定，部分安全係数の設定など多くの問題を解決しなければならない．

　本書では，まず設計に関与する不確実性についてとりあげ，これまでの各種設計法の特徴や問題点について考察を加え，ついで各種確率モデルについて述べ，信頼

性理論の基礎，破壊確率の概念を紹介し，複数の限界状態に対する信頼性解析法や構造システムの安全性評価法について述べている．最後に荷重の組み合わせについて記述している．なお，各種確率モデル（第3章）については，統計・確率に関する一般の図書に記述されている内容と同様であるので，知識のある読者は読み飛ばして第4章へ進むことも可能である．

本書の特徴は次のとおりである．

- これまで採用されてきた設計法の特徴と問題点が説明されている．
- 多くの確率モデルについてその特徴が記述されている．
- 信頼性理論の基礎がわかりやすく記述されている．
- 複数の限界状態が考えられる場合の安全性検証法について記述し，それを基に鉄筋コンクリート（RC）橋脚の耐震安全性を検討している．
- システムの安全性評価法についてその基礎事項を扱っている．
- 主としてコンクリート部材や構造物の安全性評価法について記述している．
- 理解を深めるため，各章末に演習問題（巻末に解答（一部略））を載せている．

とくに，第4章の演習問題は，曲げやせん断力を受ける鉄筋コンクリート部材を対象とした信頼性設計法の問題であり，信頼性理論や設計法の理解に大いに手助けとなるだろう．この問題の解答の作成には，当研究室に在籍していた中嶋啓太君（現在：鉄道・運輸機構）の協力を得たことを記してお礼を申し上げる．

本書が信頼性理論に基づく安全性検証法や設計法の基礎的理解に役立つことを願っている．

なお，本書で扱っている物理量の単位はSI単位ではなく．従来から実務で使われている単位を使用している．

本書の出版に際して多大なご尽力とご支援を賜った森北出版株式会社の加藤義之氏に厚くお礼申し上げる．

2010年11月

鈴木基行

目　　次

第1章

構造設計

構造物は，建設中および供用期間にわたり，その使用目的を安全かつ経済的に達成するため，強度・変形・耐久性などの必要な性能に関して一定の条件を満たさなければならない．いいかえると，次のことである．

- 構造物は，建設中および供用期間中に受けるさまざまな荷重や各種作用に対して，その全体に過不足のないつり合いのとれた強度を有していなければならない(要は，壊れないようにすること)．
- 通常の使用状態において，不都合を生じたり，耐久性を損ねたりすることがないように，その変形やひび割れ幅が一定限界以下でなければならない(要は，使用にあたり過度な変位などが生じないようにすること)．
- 上記の条件を経済的に達成しなければならない(要は，できるだけ安く建設すること)．

構造物がその建設中あるいは供用期間に受ける荷重や各種作用には，構造物自身による死荷重，自動車荷重や列車荷重などのような活荷重，および地震や風の影響のような偶発荷重がある．さらに，気温の変化などにより，部材内に温度勾配が生じれば，それに応じたひずみや応力が発生することもある．死荷重の大きさは，断面や部材の寸法および構成材料の単位質量から計算できるが，1.3.1 項 (2) で説明するように，これらの諸量は確定値ではなく，ばらつきがある．自動車荷重や列車荷重については，その強度などに関するデータが蓄積されているが，その大きさも一定ではなく，ばらついている．偶発荷重については，強い地震や風などは，発生間隔が長く，統計的データの収集が難しいことからもわかるように，その大きさを予測あるいは推定することが困難な場合が多い．

また，同一配合のコンクリートや同一種別，同一径の鉄筋であっても，それらの強度は，原料・材料，製造方法，管理方法などさまざまな因子の影響を受けるため一定値ではなく，部材寸法や配筋状態も必ずしも設計図どおりになっていないため，まったく同一の条件で鉄筋コンクリートのはりや柱の載荷実験を行っても，必ずしも同一の耐力値や荷重と変位の関係が得られるわけではない．

このように，構造物にはさまざまなばらつきのある要素が含まれている．この構

造変数のもつばらつきを正しく評価できなければ，荷重の評価および構造物や部材の耐力の評価，さらには構造物の安全性を正しく評価することはできない．すなわち，ばらつきの評価なしには，構造物の設計や照査においても合理的な検討ができないのである．第2章で説明する各種設計法は，それぞれ異なる方法でこのばらつきに対処している．

　本章では，まず構造設計の基本事項，とくに設計における「安全」と「破壊」の定義，設計にかかわる不確実性，およびその不確実性に対処するため導入された安全率の概念について説明する．

1.1 構造設計

1.1.1 安全性

　構造設計とは，構造物の供用期間にわたり，その安全性（破壊するかどうかについて）や使用性（ひび割れ発生やたわみなどについて）を損なう可能性（定量的にはその状態に達する確率値）を，ある許容値以下に抑える思考過程といえる．具体的には，さまざまな作用（いわゆる外力，地震の影響，気象作用，環境作用なども含む）に対し，構造物の安全性や使用性を経済的に満足するように，構造形式，材料の選定・強度，断面寸法および鉄筋の量や配置などを決定する思考過程である．

　一般に，構造物の設計においては，「構造物に作用する荷重作用」より「構造物の耐力（強度ともいう）」が大きければ「安全である（要は，壊れない）」，と評価している．すなわち，構造物の安全性の検討においては，次の不等式が成り立てば安全（safety）であるとされている．

$$S \leq R \tag{1.1}$$

ここで，S は荷重作用で，R は構造物の耐力（強度）である．

　S と R は同一の次元の力学量でなければならない．たとえば，S が荷重なら R は耐荷力，S が作用曲げモーメントなら R は抵抗曲げモーメント，S が応答変位なら R は限界変位，S が作用ひずみなら R は限界ひずみという具合である．すなわち，S として作用荷重（作用曲げモーメント）をとり，R としては終局荷重（終局曲げモーメント）をとることになる．荷重により生じるひび割れ幅がある許容値に達しているかどうかの検討においては，S として荷重により生じるひび割れ幅をとり，R としては限界（許容）ひび割れ幅をとることになる．

　式 (1.1) を満たさない，すなわち，$S > R$ となれば，これは「破壊（failure）」を意味する．ひび割れ幅や変位の検討においては，必ずしも破壊現象となるわけでは

ないが，設計では「安全」の反対語として「破壊」という用語を用いる.

　このように，耐力 R と荷重作用 S を明確に求めることができれば，簡単に構造の安全性を確認できるが，前述したように，S，R ともさまざまなばらつきをもつため，その算出は難しい.

1.1.2　安全性に関する確定論的検討と確率論的検討

　構造物の安全性の検討には，確定論的検討と確率論的検討があるが，いずれの場合も式 (1.1) を満足しなければならないことに変わりはない. 確率論的か確定論的かは，S や R の評価において変数が確率変数か否かである. すなわち，確率変数ならば変数のもつばらつきも考慮することになるので確率論的検討になり，そうでなければばらつきは考慮しない扱いになるので確定論的検討となる. 本書で主に説明する信頼性設計法は，確率論的検討である.

　確率論的考え方の短所としては，次のことなどが挙げられる.

- 安全目標を確率で表現しにくい.
- 安全性検討の全体のシナリオがみえにくい.
- 不確定性の定量化が必要で困難な場合がある.
- 構造物の維持管理の問題との関係が不明確である.

　これに対して，長所としては，次のことなどが挙げられる.

- 外力や作用，とくに地震などは確率的現象である.
- 設計自体が不確定性を適切に考慮する必要があるので適している.
- 個々の要素や部材が構造物全体の安全性に及ぼす評価をするのに，適している.
- 既存構造物の性能評価に関しても適している.

1.2　安全率

　前節で述べたような各種不確定要因に対処し，構造物の安全性および使用性を確保するため，その設計にあたっては，次式で定義される安全率 r を導入している.

$$r = \frac{R}{S} \tag{1.2}$$

R，S は同一次元の量であるので，r は無次元量である.

　設計においては，設計荷重として構造物の供用期間中にそれ以上の荷重が作用する可能性がほとんど考えられないような値を，また構造物の設計強度については，

経済性を考えて，設計荷重を下回る可能性がほとんどないような値を用いるのがよい．すなわち，設計者の気持ちの上では，$r = R_{\min}/S_{\max}$ である．しかし，構造変数には前述のような多くの不確定要因が存在するため，真の意味での $R_{\min}$, $S_{\max}$ を設定し，用いることは現実的ではない．実情としては，次式の関係をもつ R^* や S^* を R や S の確率分布から設定し，安全率を定義する方法が用いられている．

$$r = \frac{R^*}{S^*} \tag{1.3}$$

ただし，R^* は R の確率分布において，その値を下回る確率が p となる値であり，S^* は S の確率分布において，その値を上回る確率が q となる値であり，それぞれ次式となる．

$$\Pr\left[R \leq R^*\right] = p \tag{1.4}$$
$$\Pr\left[S \geq S^*\right] = q \tag{1.5}$$

通常 $p = q = 5\%$ が用いられており，これを 5％フラクタイルという．

　R^*, S^* を強度ならびに荷重作用の特性値（characteristic value）という．式 (1.3) で表示される安全率を特性安全率といい，式 (1.2) において，R, S のそれぞれの平均値をとった安全率を中央安全率という．

　一般に，R, S は材料強度，部材寸法，荷重作用など複数の確率変数の関数である．これら構造変数 X（確率変数）に対しても特性値の概念が導入されている．構造変数 X の特性値 X_k は，以下のようにして求められる（図 1.1 参照）．

　構造変数は，材料強度，部材寸法などのような日常の調査や試験によって確率密度関数のパラメータ（母数）が推定しうる変数と，地震や強風などのような推定が事実上困難な変数とに分けることができる．確率密度関数が推定できる材料強度 X の変動は，下回る確率が p となる値を定め，これによって X の変動による構造設計の危険側の影響を排除する．

　このようにして定めた値が，材料強度の特性値 X_{mk} であり，次式で表される．

$$X_{mk} = \overline{X_m}(1 - kV_m) \tag{1.6}$$

ここで，$\overline{X_m}$ は材料強度の平均値，V_m は材料強度の変動係数，k は p に相当する確率偏差である．

　一方，荷重作用は，一般にその値が大きいほうが構造物に危険側の影響を与えるので，荷重作用の特性値 X_{Sk} は，次式で表される．

$$X_{Sk} = \overline{X_S}(1 + kV_S)$$

ここで，$\overline{X_S}$ は荷重作用の平均値，V_S は荷重作用の変動係数，k は q に相当する確

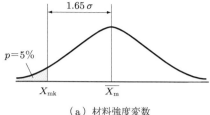

（a）材料強度変数

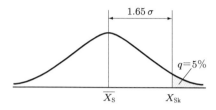

（b）荷重作用変数

図 1.1 材料強度および荷重作用の特性値

率偏差である．図 1.1 において，σ はそれぞれの変数の標準偏差である．

1.3 構造変数のもつばらつき（不確実性）

1.3.1 耐力（強度）評価に関連する不確実性

構造物の耐力がばらつくのは，材料強度，部材寸法などがばらつくためである．ここでは，これらのばらつきの程度などについて説明する．

（1） 材料強度のばらつき

コンクリートや鉄筋などの材料強度のばらつきの程度は，材料の製造方法やその過程における品質管理などに左右され，コンクリートの圧縮強度の変動は 10〜20％程度，鋼材の降伏強度の変動は 6〜8％程度あるとみられている．

図 1.2 は，現場標準養生を施した設計基準強度 $300\,\mathrm{kgf/cm^2}$ のコンクリートの圧縮強度のヒストグラムの一例である．平均圧縮強度は $375.4\,\mathrm{kgf/cm^2}$，標準偏差は $16.2\,\mathrm{kgf/cm^2}$ とばらついていることがわかる．変動係数（＝標準偏差/平均値）は 4.3％である．

また，図 1.3 は同一配合のコンクリートを標準水中養生したものと，現場水中養生したものとの圧縮強度の相違を示したものである．現場水中養生したもののほうが，標準水中養生したものより強度が低くなっている．コンクリートの強度は，このように養生方法の影響も受ける．これらのデータは円柱供試体での圧縮強度デー

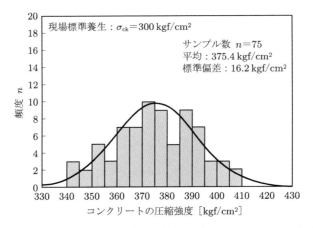

図 1.2　コンクリート圧縮強度分布（高橋利一「受託試験におけるコンクリート圧縮強度に
　　　　関する調査」昭和 59 年度 GBRC，（財）日本建築総合試験所，39 号（1985）より）

タであり，安全性検証では，実構造物中でのコンクリート強度がどのようにばらつ
いているかが重要となる．

　図 1.4 は，現場水中養生した柱などの垂直部材および，はりなどの水平部材の円
柱供試体で調べた圧縮強度比の分布を示したものである．このように，同じ配合の
コンクリートであっても部材へのコンクリート打設あるいは締め固めの方法やその
影響度によっても強度の平均やばらつきの程度は大きく変わることがわかる．

　また，コンクリート強度に関しては，実構造物中のコンクリート強度やばらつき
と強度測定用円柱供試体レベルでの強度やばらつきとは，相違することが知られて
いる．構造物の安全性の検討では，あくまで実構造物中におけるコンクリートの強
度やばらつきが問題となる．しかし，それらを直接的に測定するには，コア抜きな
どがあるが，たくさんのデータがとれないなどの問題点もある．

　図 1.5 は，異形棒鋼の降伏点強度，引張強度および伸びの分布を示したものであ
る．コンクリート強度に比べて，鉄筋強度のばらつき（ばらつきは，“変動係数＝標
準偏差／平均値” の大小で判断される）は小さいことがわかる．

　図 1.2〜1.5 にみられるように，材料強度のばらつきは正規分布や対数正規分布で
近似されることが多い．

(2)　製作精度のばらつき

　これは，部材や断面の寸法，鉄筋の配筋，かぶりなどの施工誤差のことである．
一般に，コンクリート部材製作に伴う施工誤差は部材寸法や断面の規模にかかわら
ず数 mm 程度で，大きくても 10 mm 程度とみられている．したがって，施工誤差

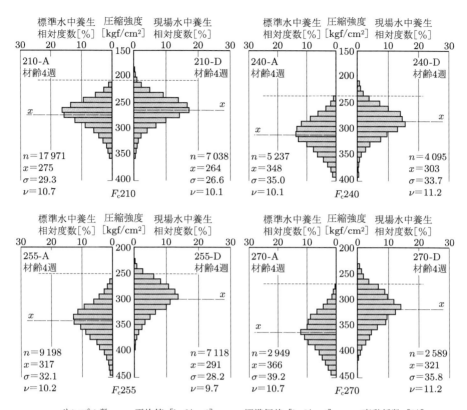

図 1.3 コンクリート圧縮強度分布(養生方法の違い)(高橋利一「受託試験におけるコンク
リート圧縮強度に関する調査」昭和 59 年度 GBRC, (財)日本建築総合試験所, 39
号(1985)より)

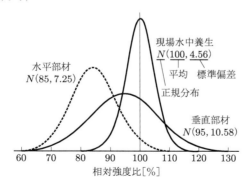

図 1.4 現場水中養生に対する垂直部材と水平部材の強度比分布(高橋利一「受託試験にお
けるコンクリート圧縮強度に関する調査」昭和 59 年度 GBRC, (財)日本建築総合
試験所, 39 号(1985)より)

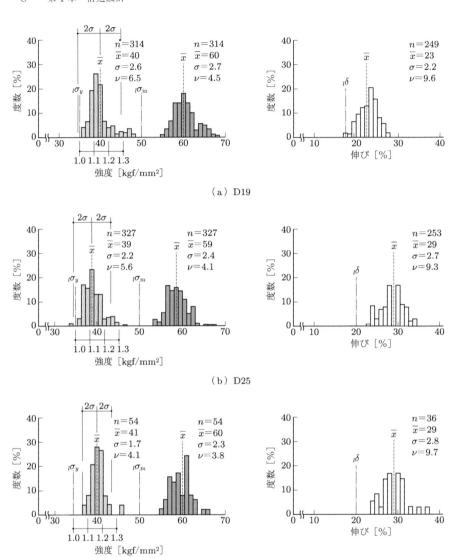

（a）D19

（b）D25

（c）D32

n：データ個数，$\overline{x}$：平均値 $[\mathrm{kgf/mm^2}]$，σ：標準偏差 $[\mathrm{kgf/mm^2}]$，
ν：変動係数 $[\%]$，$_l\sigma_y$：降伏点下限値，$_l\sigma_\mathrm{m}$：引張強度下限値，$_l\delta$：伸び下限値

図 1.5　異形棒鋼の降伏点，引張強度および伸びの分布（SD295）（池田茂「受託試験における鉄筋コンクリート用棒鋼の引張及び曲げ試験に関する調査」昭和 60 年度 GBRC，(財)日本建築総合試験所，44 号(1986)より）

は部材や断面寸法の小さい場合に相対的に大きくなり,断面寸法が大きい場合には相対的に小さくなる.

(3)　強度解析上の不確定要因

設計強度の計算にあたっては,何らかの仮定や近似的扱いを行っている.たとえば,強度算定の際,単純化された材料の応力-ひずみ関係を用いたり,2次元,3次元に広がっている構造物を計算の簡略化のため,その一部のみを取り出し,1次元あるいは2次元に縮約したりしている.また,実構造物をある特定の計算目的のために,骨組み構造としてモデル化する場合も多い.これら簡略化やモデル化にあたっては,実用上の精度があることを確かめて設定する必要があるが,これによって,何らかの不確定要因が含まれることはやむをえない.採用されたモデルの不確実性がどの程度あるかは,そのモデルに基づく解析上の値と実験値や実測値との比較から判断する.

1.3.2　荷重作用評価に関連する不確実性

(1)　設計値超過の可能性

多くの場合,構造物の供用期間中に,設計荷重を超える荷重が絶対に作用しないとは,いい切れない.たとえば,設計供用期間中に設計で考慮した地震や風の大きさを上回る可能性はゼロではない.また,トラックの過積載など普通であれば考慮するはずもない問題があるように,活荷重である自動車荷重や列車荷重においても設計荷重を上回る可能性はゼロではない.設計においては,このような異常なあるいはあらかじめ予測することの困難な外力作用についても何らかの考慮が必要となる場合もあるが,経済的配慮からすべての外力作用に対応することはできない.このように,実際に作用する荷重や作用において設計値超過の可能性がある.

(2)　設計荷重と実際の外力作用との間のずれ

一般に,設計荷重は計算に便利なように,あるいは設計規定として扱いやすいように,実際の現象を単純化あるいはモデル化したものである.たとえば,道路橋における自動車荷重のモデル化,鉄道橋における列車荷重のモデル化,さらに動的現象を静的効果に置き換えた衝撃係数,あるいは従来の耐震設計における地震動の影響を震度という形で静的荷重として扱う方法などがそうである.これらのモデル化においては,実際の外力現象と必ずしも合致しているわけではないので,それらが不確定な要因となる.

(3)　解析の過程で用いられる種々の仮定や近似

　設計荷重から断面力や変位に変換する場合，さまざまな仮定を設定したり，近似的扱いを行っている．たとえば，トラスの格点を理想的にヒンジと仮定したり，荷重の偏心や初期たわみの影響を無視して構造解析を行ったりしている．これらは断面力や変位の算定において，ばらつきの原因となりうる．

(4)　荷重の組み合わせ

　構造物は複数の異なる荷重の作用を同時に受けているので，設計においてもいくつかの荷重の組み合わせを考慮している．しかし，その生起確率を正確に設計に反映させることは容易ではなく，何らかの近似的扱いをせざるをえないのが実情であり，設計荷重はそれぞれの荷重の最大値分布の平均値的な性格をもたせていることが多い．このため，組み合わされる荷重によっては，同時にそのような状態が発生する可能性はほとんどないということが多い．

1.3.3　その他の不確実性

　構造設計にかかわる不確実要因として，上述した要因以外に以下のものも考えられる．

(1)　構造物の重要度

　一般に，設計においては，構造物は使用目的，使用頻度，社会的要請度，さらには地震などの自然災害が発生した後の構造物の緊急必要性などを考慮して，重要度を決める必要がある．通常の設計において，構造物の重要度は，一つの安全係数を導入することで対応しており，重要な構造物ほど部材耐力が大きくなるようにしている．しかし，構造物の重要度の基準はあいまいであり，評価法や基準の相違などにより，ばらつきの原因ともなる．

(2)　部材や構造物の破壊過程

　設計で考慮した限界状態が，予告なしに発生する性質のものであるか否かにより，設計の考え方を変える必要がある．すなわち，部材の挙動が脆性的か靭性的かにより安全性評価の基準に差がでてきて，それが不確実性となる．脆性的な挙動は，破壊が急激に生じ，人命を損なう恐れもあり，設計においては避けるべき破壊モード（破壊形態）である．より靭性的な挙動となるよう断面寸法や鉄筋量を調節するほか，安全係数で考慮することも可能である．

(3)　人為的過誤

　人為的過誤として，たとえば，計算ミス，入力ミス，使用鉄筋ミス，配筋ミス，寸

法ミス，コンクリート配合ミス，緊張力管理ミスなどがあり，これらは絶対に生じさせてはならない．しかし，実際，構造物の施工中や使用中に生じる構造物にかかわる各種トラブルや事故の主な原因は，人為的ミスによるものが多い．このため，設計・施工の各段階において，複数人による二重，三重のチェックをするなどの対策が必要である．

1.3.4　不確実性の分類

　これまで，構造設計にかかわる不確定要因について述べてきたが，これらの不確実要因は別の観点から次のようにも分類できる．

(1)　設計変数の変動による不確実性

　これは，部材寸法，材料強度，荷重などの設計変数自身の変動のことである．コンクリートや鉄筋の強度や部材寸法などについて，データを数多く収集し，それらの頻度分布(ヒストグラム)を調べることにより変動の様子がわかる．データの収集から設計変数の平均値や分散(ばらつきの様子)，さらに分布の形も推定できる．このように，この種の不確実性については，通常，確率分布で記述することが可能である．

(2)　統計的不確実性

　これは，設計変数の確率分布を推定する際の誤差のことで，サンプルサイズ(サンプルの大きさ)や情報量により影響を受ける．材料強度や部材寸法などの統計データはある期間に多くのデータを収集することが可能であるが，地震や強風など稀にしか生じない事象の統計データの収集にはきわめて長い時間がかかる．構造変数によっては，巨大地震のデータなどサンプリングが不可能な場合もありうる．統計的データ数が少なければ，それから推定される確率分布や統計量の信頼性にも影響がでる．

(3)　モデルの不確実性

　これは，構造モデルの単純化に伴う不確実性や境界条件の不明確さなどによるものである．これらの不確実性の程度は，このモデルによる解析値と実測値・実験値などとの比較により判断される．

(4)　効用評価の不確実性

　これは，将来，構造物が破壊したり，破損したりしたときの経済的影響や社会的影響を予測する際に，評価者や時代の違いによって起こる不確実性である．構造物，とりわけ社会基盤施設は，人間社会生活の安全・安心・快適さなどを目的に建造さ

れるが，その効用(utility)の評価は，計画・設計・施工・供用の一連の工程を通して社会的合意が形成されるものであり，事前に定量的に効用を評価することは，一般には難しい．また，効用は時間に依存して変わりうるので，構造物の計画や設計段階で定量的評価を行うことは，さらに困難である．

さて，これらの不確実性を確率論的視点からみると，次のような分類方法も可能である．

- 単に不確実で，実際上，確率分布関数や母数の設定など確率的表現ができないもの(たとえば，人為的過誤など)
- 確率論的特性をもつと考えられるが，その統計データの収集が不可能あるいはきわめて困難なもの(たとえば，耐用期間における最大地震動や強風の分布など)
- 実用上の精度で確率論的扱いが可能なもの(たとえば，コンクリートや鋼材などの材料強度の分布，部材や断面の寸法など)

演習問題

1.1　構造設計で考慮すべき構造(設計)変数において，生じる不確実性について説明せよ．また，不確実性を工学的観点から分類せよ．

1.2　構造設計において安全率を導入しなければならない理由について説明せよ．

1.3　構造変数の特性値とはどのようなものかを説明し，さらにこれを構造設計に導入する理由について説明せよ．

第2章
各種安全性検証法の特徴と問題点

2.1 設計法の変遷

　コンクリートは圧縮に強いが引張に弱い．鉄筋は引張に強い．この特徴をふまえてコンクリートと鉄筋を組み合わせ，圧縮はコンクリートで，引張は鉄筋で負担させる設計法を提案したのは，1887 年ドイツの Könen であった．鋼構造では，コンクリートよりも古くから設計法が検討され，1779 年にイギリスでは最初の鉄製の橋（Coalbrookdale Bridge，支間 30.5 m）が施行され，1887 年には，パリでエッフェル塔が建設され始めている．このように，コンクリート構造の歴史は鋼構造に比べて新しく，いまだ 120 年程度の歴史しかない．

　第 1 章で述べた，設計にかかわる不確実性に対処するため，構造設計基準における安全率の規定方法として，許容応力度設計法が長い間採用されてきた．その後，1950 年代末に終局強度設計法，そして 1960 年代中頃に限界状態設計法が提案され，現在は部材の限界状態に基づいた性能照査設計法へと考え方が変わってきている（図 2.1 参照）．

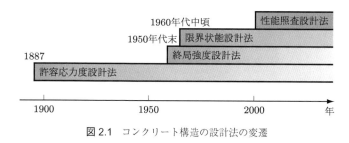

図 2.1　コンクリート構造の設計法の変遷

　設計法は，科学・技術の進歩，言葉をかえていえば，解析技術や実験技術の発達により，より明確になってきた部材や構造物の挙動の解明の程度および各種荷重や作用の特性の解明の程度の影響を受けてきた．また，構造物は地震や風などの自然現象に起因する作用や，列車・自動車など人為的にある程度制御された荷重作用の影響を受け，これまでさまざまな損傷や破壊が生じた歴史がある．重大な損傷や破壊が生じるたびに，その原因が調査され，設計法が改正されてきた．これは，設計

法自体を母集団と考えると，個々の構造物はその母集団からのサンプルと考えられることから，サンプルに破損や破壊などの予期せぬ異常がみられた場合には，その母集団が適切ではなかったと考え，改正や修正が施されてきたからである．

　構造物の設計体系の変遷は，不確実性に対する歴史でもある．過去と現在とでは，設計にかかわる不確実な要因にはあまり変わりはないが，不確実性の程度の把握，定量的評価の可否などに大きな相違がある．先に述べた四つの設計体系は，設計にかかわる不確実性に対し，安全性の確保の違い（安全率の規定方法の相違）と部材や構造物の破壊に至る挙動のうち，設計上どの状態を念頭においているかに大きな相違がある．許容応力度設計法は，設計上，部材の挙動のうち弾性範囲しか使用していないが，終局強度設計法はいわゆる終局状態（これ以上は強度が上がらないとする状態）を念頭においた設計法である．限界状態設計法は，その両者の良いところを取り入れ，さまざまな限界状態（部材の挙動のうち，際だった変化点のことをいうが，ひび割れ発生，ひび割れ幅，たわみなどの使用限界状態と終局限界状態がある）に対し，所定の安全性をもたせようとする設計法である．そして，性能照査設計法は部材や構造物の限界状態を考慮し，構造物に必要な性能を設定し，それが満足しているかどうかを照査することにより安全性を確保する設計法である．限界状態設計法や性能照査設計法は，設計にかかわる不確実性を統計・確率論によって定量的に評価し，限界状態に達する確率をある許容値以下に抑える設計法である．

　限界状態設計法も性能照査設計法も，本来信頼性理論に基づく設計法である．しかし，設計に対する考え方が，より合理的な上位のものへ変わったとしても，それまでの設計法でもほぼ満足のいく設計が可能であったこと，限界状態に達する許容確率の評価が困難であったことなどから，わが国の設計法の現状は必ずしもそうはなっていない．安全係数の設定においては，それまで使用されていた設計法で算定される断面寸法や鉄筋量などとほぼ同一となるよう調整（キャリブレーションともいう）されたものを使用している．

　1.1 節において，安全性の検討には確定論的検討と確率論的検討があることを述べたが，信頼性理論に基づく設計法は確率論的検証法であるのに対し，許容応力度設計法や終局強度設計法は確定論的検証法といえる．ただし，確定論的な設計法であっても，設計にかかわる不確実性を安全係数の値の調整など何らかの方法で考慮していることは間違いない．

　以下に，それぞれの設計体系の特徴と問題点について述べる．

2.2　許容応力度設計法

2.2.1　許容応力度設計法における安全性検証法

許容応力度設計法(allowable stress method)は,

$$\sum_{i=1}^{n} \sigma_i \leq \sigma_{\mathrm{a}} = \frac{f_{\mathrm{k}}}{\gamma} \qquad (f_{\mathrm{k}}:材料強度の特性値,\ \gamma:安全率) \qquad (2.1)$$

より,設計荷重 F_i $(i = 1, 2, \cdots, n)$ から計算された部材断面のコンクリートや鉄筋に生じる応力度 σ_i の総和がコンクリートや鉄筋の材料強度から定められる許容応力度(allowable stress) σ_{a} 以下であることを確かめることによって安全性を検証する方法である.材質が脆く強度のばらつきの大きなコンクリートの許容圧縮応力度は,圧縮強度の 1/3 程度であり,ねばりがあり強度のばらつきの少ない鋼材の許容応力度は,降伏強度の 1/1.7 程度である.コンクリート,鋼材の応力 – ひずみ関係のうち,設計で使用しているのはほぼ弾性域であり,構造解析も応力度の計算も弾性計算を行うので,弾性設計法(elastic design)ともいう.

図 2.2 に,許容応力度設計法の安全性検証フローを示す.許容応力度設計法では,R, S として応力度をとり,安全率の値は,構造物や部材の種別によるのはもちろんのこと,材料の種類,基準強度の性格,設計計算に用いた荷重の特性などによっても変えている.したがって,安全率の値のみで安全性の程度を比較することはできない.許容応力度設計法における安全率は,第 1 章で述べた安全率の概念とは異なり,ある安全性の基準を確保するために,設計に用いる材料強度と作用荷重により生じる応力度との間にもたせるべき余裕を規定する係数である.

図 2.2　許容応力度設計法の安全性検証フロー

2.2.2　特徴と問題点

許容応力度設計法は,過去約 100 年間にわたり設計に用いられてきた.この設計法の特徴は次のとおりである.

(1)　補足条項との組み合わせでほぼ満足な構造物が実現できる

　式 (2.1) で示される許容応力度規範に構造細目などの補足条項を組み合わせることにより，通常の場合，ほぼ満足な構造物を生み出せる．

(2)　この設計法で造られた構造物が蓄積されている

　許容応力度設計法で造られた構造物の挙動や性能について，多くの技術者に共通の直接的認識がある．このような背景のもと，限界状態設計法の構築の際，安全係数のキャリブレーションは，主として許容応力度設計法をもとに行われた．

(3)　ひび割れ発生，ひび割れ幅，たわみなどの検証ができる

　許容応力度設計法はあくまで応力度の検証しか実施しないが，この設計法で想定した状態からひび割れ発生，ひび割れ幅，たわみなどその他の必要な検証も実験や解析的検討あるいは経験をもとにある程度判断可能である．

　図 2.3 は，鉄筋コンクリートはりの中央に集中荷重 P を載荷したときの荷重 P とはり中央点のたわみ δ との関係，および各段階においてスパン中央断面に生じる応力の状態を模式的に示したものである．このはりは，設計の基本となる低鉄筋断面（引張鉄筋比がつり合い鉄筋比より少ない場合である）の場合を示しており，荷重の増加とともに曲げひび割れの発生（点 C），ひび割れの進展，ひび割れ幅の増大の後，引張鉄筋の降伏（点 Y），その後変形の増加があり，最終的には圧縮部コンクリート

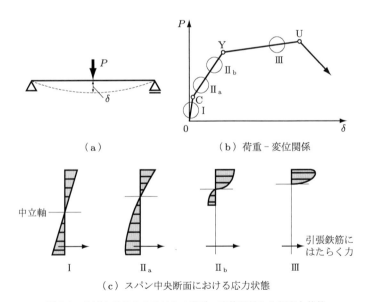

（a）　　　　　　　　（b）荷重 – 変位関係

（c）スパン中央断面における応力状態

図 2.3　曲げを受ける RC はりの荷重 – 変位関係および応力状態

の圧壊により終局（点 U）を迎えることになる．荷重–変位関係において，全断面有効な範囲を I の状態，ひび割れが発生し始めた状態をII_a，さらにひび割れが進展し，引張部の力はほとんど鉄筋で受けもたれる状態をII_b，そして終局時直前を III の状態としている．

許容応力度設計法では設計上，II_b の応力状態を想定している．コンクリートや鉄筋の許容応力度の算定には，それぞれ安全率を 3，1.7 程度に設定するため，この状態におけるコンクリートや鉄筋の応力–ひずみ関係は，ほぼ弾性範囲とみなして，弾性計算により応力度の算定を行う．また，部材断面における疲労，ひび割れ発生，ひび割れ幅，たわみなどの検証は，それぞれに固有の載荷状態で行うのが正確であるが，この設計法ではあくまで材料の応力–ひずみ関係において弾性範囲を設計の対象としているので，II_b の状態による断面計算でもおおよその判断ができるものと考えられていた．弾性範囲の検討ならば，この仮定や考え方は，実用上問題ない．

しかし，許容応力度設計法はあくまで使用性に着目した設計法であり，この設計法を用いて設計された構造物や部材が果たしてどれくらいの荷重に耐えられるのか，といった疑問には答えていない．これまでに明らかになったコンクリート部材の力学的特性をできるだけ厳密に扱い，不確実性の処理を合理的に行うことにより，構造設計の精度を高めようとするとき，許容応力度設計法は以下に述べる欠点があると考えられる．

(1)　部材の終局強度を精度よく評価できない

線形理論で求めたII_b の状態の応力度によって，大きな塑性変形を伴う終局強度を評価する方法は精度を上げにくい．すなわち，終局状態の応力度とII_b の状態の応力度との比は，両状態における荷重の比と大きく相違し，その比は構造諸条件により一定しない．許容応力度設計法では，II_b の状態以降の挙動について安全性を保証しているわけではない．

鉄筋コンクリート断面は，高い荷重状態では塑性的挙動を示す．弾性理論では塑性ひずみを考慮できず，部材の終局強度の予測にも弾性理論は適用できない．したがって，許容応力度設計法で設計された構造物では，正確な荷重係数（終局荷重/使用荷重）が不明であり，構造物ごとに変わる可能性がある．

(2)　補足条項はあいまいで一般性がない

構造細目などの補足条項は，構造設計体系を力学的あるいは数学的にわかりにくいものとさせる．すなわち，設計の際に個人の主観が入りやすいというあいまいさが存在する．また，許容応力度設計法における種々の補足条項は，荷重，構造物，

材料など種類ごとに固有のもので一般性がない．このため，RC構造物，PC構造物，鋼構造物など材料が異なる構造物の間で，あるいは建築物，橋梁，航空機，船などの人工物の間で，安全性の程度を単に許容応力度の値によって比較することはできない．

(3)　無筋コンクリート構造では，許容応力度の安全率を大きくとっても許容応力度規範のみでは安全性を確保できない

現在ではダムなどを除き，無筋コンクリート構造物を設計・施工することはほとんどないが，以前は橋脚でも無筋コンクリートで造られていた．地震などの影響を受けた場合，無筋コンクリート構造ではコンクリートの安全率を大きくとっても，コンクリートの引張強度がきわめて小さいので，引張力やせん断力に対する抵抗性が小さく，安全性を保証できないことは明らかである．

(4)　荷重の情報が設計に反映されにくい

許容応力度設計法は，作用応力度と許容応力度との大小関係で安全かどうかを検証している．安全性の余裕は主として材料強度から許容応力度を求める際の安全率によって調整しているため，許容応力度設計法では，構造物の安全性に影響をもつ個々の荷重の力学的特性や統計的性格(荷重の統計資料が多いか少ないかなど)の相違を考慮するのに不都合である．本来，構造設計に大きな影響を与えるのは荷重であり，それらのばらつきの程度が構造物の安全性評価に大きな影響を与える．荷重について平均値や分散など統計データが得られたとしても，使用されたデータの数によりその信頼性には相違があり，そのため安全係数もおのずと異なってくる．このため，許容応力度設計法はこれらの情報を合理的に反映しにくい体系である．

(5)　部材・構造物の挙動，施工状況などが反映されにくい

部材や構造物の力学的特性がよくわかっているか否か，施工精度の良否がわかっているか否か，などは構造物の安全性評価において不確定要因の一つである．そのため，これらは構造物の安全性に大きな影響を与えるので，設計において適切に考慮すべきであるが，許容応力度設計法ではこれらを合理的に考慮できない．

(6)　部材・構造物の破壊モードを考慮できない

部材や構造物の挙動には靭性的挙動と脆性的挙動がある．脆性的挙動は，破壊に対する警告がなく，急激な崩壊となること，および地震に対するエネルギー吸収能力が小さいことから，絶対に避けるべき挙動である．典型的な避けるべき破壊モードとして，せん断破壊，付着破壊，定着破壊などがある．許容応力度設計法では，破壊に対する安全性が不明なため，このような破壊モードになるかどうかを考慮し

にくい.

　また，供用中の過大な変形，共振，あるいは過大なひび割れなどの現象は断面応力度が同一でも，荷重と構造物の諸条件によって異なる．このような点も許容応力度設計法では考慮しにくい.

(7)　許容応力度設計法で用いる鉄筋とコンクリートとの弾性比には根拠がない

　コンクリートの応力 – ひずみ関係は非線形であり，時間依存性がある．一定荷重のもとで初期弾性ひずみの数倍のクリープひずみが生じるため，許容応力度設計法で用いられる弾性比（鉄筋のヤング率とコンクリートのヤング率との比）には根拠がない．また，クリープひずみは，鉄筋コンクリート断面において応力の再分配を引き起こす．このことは，使用荷重のもとでの実際の応力は，設計上の応力とは必ずしも一致しないことを意味する.

　以上述べてきたように，許容応力度設計法は鉄筋コンクリート部材の $\mathrm{II_b}$ の状態（部材降伏以前）までの挙動しか保証されておらず，破壊に対する安全性が不明である．もし，構造物に設計荷重を上回る過大な荷重が載荷された場合，どのような挙動をとるか，あるいはどのような破壊形態が生じるかはまったく保証されていない設計法といえる．また，ラーメン構造物のように複数の柱やはりからなる不静定構造物の場合，全体系としての挙動に必ずしも関心が払われていない設計法でもある．すなわち，過大な地震などの影響を受けた場合，各部材がどのような挙動をするか，最終的にどの部材に損傷が集中し，どのような損傷過程や破壊が考えられるか，といった耐震設計上重要な事項については，ほとんど検討できない設計法であったといえる.

2.3　終局強度設計法

2.3.1　終局強度設計法における安全性検証法

　許容応力度設計法は，破壊に対する安全性が不明確であるという構造安全性を検討するうえで致命的な欠点があった．これに対し，部材の終局強度（あるいは終局荷重．実験上の表現でいえば，部材に荷重を加えた際の最大荷重）を基本とした終局強度設計法（ultimate strength method）が 1950 年代末に提案された.

　図 2.4 に終局強度設計法における安全性検証フローを示す.

　終局強度設計法は，コンクリートや鉄筋などの塑性的性質を考慮して断面耐力 R_u を求め，これと $F_\mathrm{d} = \gamma_\mathrm{f} F_\mathrm{k}$（$\gamma_\mathrm{f}$ は荷重係数，F_k は設計荷重の特性値）により定められる終局荷重によって生じる最大断面力の計算値 S_u とを比較して，次式が成立す

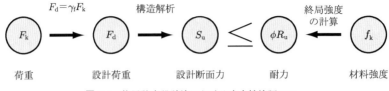

図 2.4　終局強度設計法における安全性検証フロー

るかどうかを検証する方法である.

$$S_\mathrm{u} \leq \phi R_\mathrm{u} \tag{2.2}$$

ここで,ϕ は耐力低減係数で,部材の靭性,解析の近似性および施工誤差などを考慮するための安全係数の一種である.また,終局荷重 U は,アメリカの ACI 規準では荷重の組み合わせを考慮して次式のように与えている.

$$U = 1.4D + 1.7L \tag{2.3}$$

$$U = 0.75[1.4D + 1.7L + 1.7 \times (W \text{ or } 1.1E)] \tag{2.4}$$

ここで,D は死荷重,L は活荷重,W は風荷重,E は地震荷重である.

2.3.2　特徴と問題点

終局強度設計法には以下のような特徴がある.

(1)　部材の終局強度あるいは終局荷重に基づく設計法である

許容応力度設計法は使用性に着目しているのに対して,終局強度設計法は安全性に着目している.

(2)　荷重の統計的特性を設計に反映できる

終局強度設計法では荷重係数を導入しているが,荷重の統計的特性により合理的に荷重係数を選択できる.すなわち,死荷重のように不確実性が少ない場合には,小さな荷重係数を,活荷重や地震荷重に対しては,不確実性の大きさに応じて荷重係数を調整できる.

(3)　塑性ひずみを考慮した材料強度の上昇現象を考慮できる

終局強度設計法では,塑性ひずみを考慮した応力分布から求められる強度の上昇分を見込むことができる.たとえば,複鉄筋断面のはり部材では,通常圧縮鉄筋は終局状態では降伏するが,弾性理論を用いた許容応力度設計法では,低い応力しか示さないため,実態を必ずしも表現できない.

(4) 新しい材料や部材厚の小さい部材の設計もできる

終局強度設計法では，高強度の鉄筋やコンクリートの使用や圧縮鉄筋のない有効高さの小さなはりの設計もできる．

(5) 部材に靱性を付与することができる

終局強度設計法では，部材や構造物に降伏以降の靱性（ductility）を付与することができる．これによって，地震の影響などを考慮できるようになった．

しかし，終局強度設計法には以下の問題点がある．

(1) 設計では安全性の検討だけでよいのか

鉄筋コンクリート部材の断面を終局強度設計法に基づいて設計すると，使用荷重下でもひび割れ幅やたわみが過度になり，危険となる場合がある．また，鉄筋応力が高い場合や，配筋が不適切な場合，ひび割れも過度となる．このため，終局強度設計法の提案後も，鉄筋コンクリート部材の設計法として，許容応力度設計法と終局強度設計法の両者の良いところをあわせもった方法がよいのではないかと考えられている．

(2) 終局強度設計上は可能となる有効高さの小さな部材では，たわみが過度となり危険な状態となることもある

終局強度設計法により，高強度材料などを使用して部材断面を薄くする設計が可能となっても，剛性が小さいため，たわみやひび割れも生じやすくなり，使用性に問題が生じることがある．

この問題点からわかるように，安全性と使用性とを満足させる設計の実現には，終局強度のみならず，使用荷重下でたわみやひび割れ幅が許容できる値以内にあることを保証する設計体系が必要である．

2.4　限界状態設計法

2.4.1　限界状態設計法の概要

1964 年 CEB（ヨーロッパコンクリート委員会．現在は FIP（国際プレストレスト協会）と合併し，新しい国際組織 fib（国際コンクリート委員会）になっている）が新しい考え方に基づき，「部材や構造物の設計において，いくつかの限界状態を設定し，その限界状態に達する確率をある許容値以内に抑える」コンクリート構造の設計法を提案した．

　部材や構造物の挙動は，各種不確定要因の存在によりばらつきをもっている．た
とえば，コンクリートに生じる引張応力がコンクリートの引張強度を上回るとひび
割れが発生すると考えられるが，生じる引張応力も引張強度も確定的に評価される
ものではなく，ばらつきをもっている．したがって，ある荷重作用下で挙動がある
限界状態に達するかどうかは，確定論的に評価するより確率論的に評価するほう
が望ましいといえる．すなわち，ある荷重作用下で「ひび割れが発生する」あるい
は「ひび割れが発生しない」と確定的に表現するより，「ひび割れが発生する確率
は 1/10」などと確率的に表現するほうが望ましいということである．このように，
ある限界状態に達する確率(一般に破壊確率という)を算定し，それをある許容値以
内に抑えるように断面や鉄筋量を決める手法が限界状態設計法(limit state design
method)である．

　当然のことながら，設計で考慮する限界状態は一つではなく，一般に複数ある．
ある作用荷重下で挙動がある限界状態に達する確率の算定法(一般に破壊確率算定
という)については，4.3.2 項で述べる．このように，限界状態設計法は確率論に基
礎をおき，第 4 章で記述する信頼性理論をもとに構築されている．

2.4.2　限界状態

　鉄筋コンクリート部材は，作用荷重が小さいうちは弾性的であるが，大きくなる
と塑性的挙動を示し，最終的には破壊する．この全過程における荷重 – 変位の挙動
は荷重の種類によって様相を変える．

　図 2.5 は，曲げが卓越する鉄筋コンクリートはりの挙動を模式的に示したもので
ある．破壊に至るまでにはさまざまな現象が生じるので，破壊に至るまでの全過程
を一つの式 $P = f(\delta)$（P は作用荷重，δ ははり中央のたわみ，f は荷重 – 変位関係
を表す関数）で表すことは事実上困難である．しかし，このような挙動には，ひび
割れの発生，部材の降伏，断面破壊などのように，いくつかの「際立った変化を示
す特別な状態」が現れ，これらの状態が挙動の全過程を理解するのに重要な手掛か
りとなる．このように，本来，連続的に変化する挙動を，構造物の挙動上，重要な
意味をもつ「際立った変化を示す特別な状態」で離散化し，近似的に挙動を表すこ
とが可能である．この特定な状態を限界状態(limit state)という．図に示したよう
に，さまざまな限界状態における応答挙動を記述する状態式 $g(X) = 0$ を求めてお
けば，これを設計のより所として用いることができる．

　限界状態は，終局限界状態と使用限界状態とに大別される．終局限界状態(ultimate
limit state)は，構造物あるいは部材の最大耐力に対応する状態であり，使用限界状

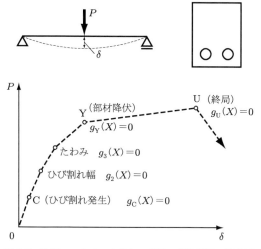

図 2.5 鉄筋コンクリートはりの荷重－変位関係の模式図

態(serviceability limit state)は正常な使用または耐久性に関して必要な条件を満た
さなくなる状態である.

終局限界状態はその生じる原因により，次のような状態が考えられる.

- **安定の終局限界状態** 構造物の全体あるいは一部分が，それ自体の破壊を生じ
ることなく，一つの構造体として転倒，滑動，その他により安定を失う状態
- **断面破壊の終局限界状態** 断面が曲げなどの作用により破壊する状態
- **メカニズムの終局限界状態** 不静定構造物において，(不静定次数＋1)個の塑性
ヒンジが形成され，安定を失う状態
- **座屈終局限界状態** 座屈により安定を失う状態
- **疲労終局限界状態** 疲労により材料や部材が破壊する状態
- **変形終局限界状態** 塑性変形，クリープ，ひび割れなどによって，構造物に必
要な形状寸法が失われてしまうような大変形の状態
- **その他の終局限界状態** 火災，爆発などによって生じる構造物の破壊状態

また，使用限界状態はその生じる原因により，次のような状態が考えられる.

- **変形の限界状態** 変形が構造物の正常な使用状態に対して過大となる状態
- **ひび割れ発生の限界状態** ひび割れの発生が構造物の機能や目的あるいは正常
な使用を損なう状態
- **ひび割れ幅の限界状態** 許容ひび割れ幅を超えたひび割れの発生により，構造

物の耐久性や美観を損なう状態

- **変位の限界状態**　　安定を失うまでには至らないが，正常な状態で使用するには変位が過大となる状態

- **振動の限界状態**　　過大な振動により構造物の正常な使用性が失われる状態

2.4.3　限界状態に達する確率（破壊確率）

破壊確率の算定にあたっては，次式で定義される限界状態式（limit state equation，通常 g 関数という）を定義する必要がある．

$$Z(X) = g(X_1, X_2, \cdots, X_n) = 0 \tag{2.5}$$

ここで，$X_1, X_2, \cdots, X_n$ は設計にかかわる構造変数（耐力や荷重に関する変数などを含む）で，一般に確率変数（random variable）である．

限界状態式の簡単な例として，$g = R - S$ の 2 変数の場合を考える．曲げ破壊に関する限界状態を考えると，R は曲げ耐力，S は作用曲げモーメントである．ひび割れ発生に関する限界状態を考えれば，R はひび割れ発生の抵抗，すなわちコンクリートの引張強度，S は設計荷重下でコンクリートに生じる作用引張応力を表している．たわみに関する限界状態を考えれば，R はたわみの許容値，S は設計荷重下でのたわみである．いずれの場合も，$g > 0$ は安全領域，$g < 0$ は破壊領域，そして $g = 0$ は安全領域と破壊領域の境界を表している．

限界状態式が式(2.5)のように記述される場合，一般に破壊確率（failure probability）p_f は次式で定義される．

$$p_\mathrm{f} = \int_0^T \int_{D_0} f(x_1, x_2, \cdots, x_n, t)\, \mathrm{d}X\, \mathrm{d}t \tag{2.6}$$

ここで，$f(x_1, x_2, \cdots, x_n, t)$ は時刻 t における設計にかかわる n 個の構造変数（確率変数である）$X_1, X_2, \cdots, X_n$ の同時確率密度関数である．また，T は供用期間，D_0 は破壊領域であり，限界状態式から判断すると $g < 0$ の範囲である．すなわち，破壊確率は破壊領域中に存在する確率変数 $X_1, X_2, \cdots, X_n$ の同時確率密度関数（この関数の囲む体積は 1 である）の割合（体積）といえる．同時確率密度関数 $f(x_1, x_2, \cdots, x_n, t)$ は時刻とともに変化するが，時刻 t によらず同時確率密度関数が同一とみなせる場合には，破壊確率は次式で表される．

$$p_\mathrm{f} = \int_{D_0} f(x_1, x_2, \cdots, x_n)\, \mathrm{d}X \tag{2.7}$$

2.4.4　限界状態に対する安全性検証水準

　各種の限界状態に対する安全性を検証する方法は，その論理の厳密さと複雑さとから，表 2.1 のように，三つの水準 I，II，III に大別される．水準 III は論理的に厳密であっても実用性に欠けるものであり，水準 II は論理に近似や簡略化を設けたもの，さらに水準 I は現実的に適用可能なものである．以下，各水準を詳しく述べる．

- **水準 III**　　理論の構成や数学的扱いにおいて，近似や簡略化を含まないまったく厳密な検証法である．式 (2.6) あるいは (2.7) のように，構造設計にかかわるすべての確率変数の同時確率密度関数の多重積分を直接行うこと，および破壊事象の出現確率または最大効用性を検出する際に，不確実性や効用性を定量的に表現する方法にまったく制約条件を付けないことが特徴である．したがって，情報としては，設計にかかわるすべての構造変数の完全な結合確率密度関数(joint probability density function)が必要となり，それらの破壊領域における多重積分を行うことにより破壊確率が求められ，これが安全性の尺度となる．

- **水準 II**　　水準 III で必要とした結合確率密度関数を設定することは現実的に困難であり，また多重積分の数値計算も大変である．水準 II は，これらを行わないですむように限界状態を表す関数を定義すること，および変数の確率分布を正規分布に変換することなど，近似的扱いを行う方法である．この方法では，信頼性水準は安全性指標(safety index) β によって，あるいは変数全体に対して表現される確率モデルについて，標準化された仮定を用い，求められる危険(破壊)事象の出現確率によって表される．基礎変数は，平均値，標準偏差などで定義される既知の分布，あるいは仮定した分布により表される．時間あるいは空間のパラメータにかかわる事象の場合，基礎変数の分布は，時間あるいは空間内の特定な点，あるいは時間または空間の与えられた特定の区間中に存在する極値に関係づけられ

表 2.1　安全性検証水準の分類

分類	必要な情報	含まれる操作	結　果
I	特性値 安全係数	安全係数を特性値に乗じた X_i^* を g 関数に代入．限界状態式 g の数値計算	$g(X_1^*, X_2^*, \cdots, X_n^*)$ の正負により安全性を判断
II	平均値，分散などの確率パラメータ．必要に応じて確率分布関数	限界状態式 g の線形化．繰り返し計算	安全性指標 β あるいはこれと等価な尺度
III	完全な結合確率分布関数	確率分布関数の多重数値積分．モンテカルロ法シミュレーション	安全性指標 β あるいは破壊確率

て定義される．確率変数の情報としては，最低限平均値と分散のみを必要としており，必要に応じて確率分布関数が導入される．限界状態式は一般に非線形であるが，簡略化のため，ある点でもって線形化し，議論を進める近似的方法である．

- **水準Ⅰ**　まったく厳密な水準Ⅲおよび近似的扱いをしている水準Ⅱに対し，水準Ⅰは実用的安全性検証法といえる．構造変数の特性値と部分安全係数(partial safety factor)を導入し，これらを限界状態式に代入し，その正負でもって安全かどうかを判断しようとするものである．構造信頼性の望ましい水準を基礎変数についてあらかじめ定めた特性値や公称値に適用し，いくつかの部分安全係数あるいは他の安全係数を指定することによって，安全性を保証しようとする点に特徴がある．水準Ⅰは半確率的設計方法といい，現在採用されている安全性照査法はこれにあたる．

以下に水準Ⅰの安全性検証法による設計手順の一例を示す．

- 建造しようとする構造物の様式，形式，形状寸法についてその概略を想定する．また，設計規準に規定されている荷重のうち，死荷重，活荷重，偶発荷重など設計に考慮する必要があるものを明確にする．
- 設計規準で定義されている限界状態およびその検証方法について検討する．
- 設計規準によって，所定の部分安全係数の値を決める．
- 材料強度と荷重の特性値を決める．
- 荷重の組み合わせを決定する．同時に組み合わされた荷重の特性値をどのように決定するかを明確にする．
- 使用材料の品質を決定する．
- 以上のデータを基礎として，水準Ⅰの半確率的設計方法を用いる．
- 経済性の観点から比較計算を行う．
- 経験に基礎をおく適切な技術的判断により，もっとも適切な構造を選定する．

　予測できない変動の可能性などを考慮するため，材料強度や荷重作用などの構造変数の特性値を部分安全係数で除して(あるいは乗じて)，計算用の値(設計値)を求め，この値によって基本方程式(限界状態式) $g(X) \geq 0$ の解を求めるのが，水準Ⅰの限界状態設計法の手法である．

　材料強度の特性値 X_{mk}，荷重の特性値 X_{Sk} に対し，材料の部分安全係数を γ_{m}，荷重の部分安全係数を γ_{f} とすると，それぞれの設計値は次式のようになる．

$$\text{材料強度の設計値}\quad X_{\mathrm{m}} = \frac{X_{\mathrm{mk}}}{\gamma_{\mathrm{m}}} \tag{2.8}$$

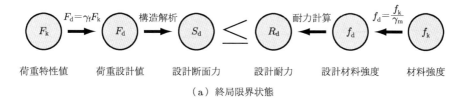

（a）終局限界状態

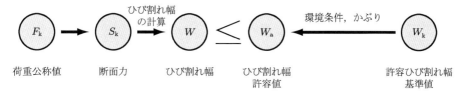

（b）ひび割れ幅などの使用限界状態

図 2.6 限界状態設計法における安全性検証フロー

荷重の設計値 $\qquad X_{\mathrm{S}} = X_{\mathrm{Sk}} \times \gamma_{\mathrm{f}}$ $\qquad\qquad$ (2.9)

限界状態設計法という設計規範は，部分安全係数設計法であり，その安全性検証フローを示すと図 2.6 のようになる．図 (a) は断面破壊などの終局限界状態を，図 (b) はひび割れ幅など使用限界状態を対象とした安全性検証フローである．使用限界状態の検討は，日常的に作用する荷重に対して行うので，荷重は公称値そのものを用いる．

これらのフローを式で表すと，次式のようになる．

$$\gamma_i \gamma_{\mathrm{a}} S\left(\sum_{i=1}^{n} \psi \gamma_{if} F_{ik}\right) \leq \frac{1}{\gamma_{\mathrm{b}}} R\left(\frac{1}{\gamma_{\mathrm{m}}} f_{\mathrm{k}}\right) \qquad\qquad (2.10)$$

ここで，f_{k} は材料の性質（コンクリート圧縮強度や鉄筋降伏強度）の公称値あるいは特性値，$R(\cdot)$ は対象とする限界状態に対応する構造物あるいは部材の抵抗（強度や許容変位など）で，材料の性質 f_{k} の関数，F_{ik} は荷重作用 i に関して設計規準に定める荷重の公称値あるいは特性値，$S(\cdot)$ は設計荷重を構造解析により，$R(\cdot)$ と同じ次元に変換するための関数，γ_{m} は材料係数，γ_{b} は抵抗を計算するうえでの不確実性や部材寸法のばらつきを考慮する係数，γ_{if} は荷重作用 i の変動を考慮する荷重係数，ψ は荷重組み合わせ係数，γ_i は構造物の重要度や限界状態の性質などを考慮する係数，γ_{a} は構造解析の精度などを考慮する係数である．

式 (2.10) には五つの部分安全係数が導入されているが，それぞれ以下のような不確実性を考慮しようとしている．

- **材料係数** γ_m　　材料強度の特性値からの望ましくない方向への変動，供試体と構造物中との材料特性の差異，材料特性が限界状態に及ぼす影響，材料特性の経時変化などを考慮する係数である．材料係数には，コンクリート強度の変動を考慮する係数 γ_c と鋼材強度の変動を考慮する係数 γ_s がある．

- **荷重係数** γ_f　　荷重の特性値からの望ましくない方向への変動，荷重の算定方法の不確実性，設計供用期間中の荷重の変化，荷重特性が限界状態に及ぼす影響，環境作用の変動などを考慮する係数である．本来，荷重係数は，荷重の種類によって変化するとともに，限界状態の種類および検討の対象としている断面に生じる断面力への荷重の影響（たとえば，最大値，最小値のいずれが不利な影響を与えるかなど）によっても異なる．

- **構造解析係数** γ_a　　断面力算定時の構造解析の不確実性などを考慮する係数である．通常，断面力を算定する関数は，その平均値を算定することを原則としているので，この関数の変動を係数 γ_a で考慮することが必要である．

- **部材係数** γ_b　　部材耐力の計算上の不確実性，部材寸法のばらつきの影響，部材の重要度，すなわち対象とする部材がある限界状態に達したときに構造物全体に与える影響などを考慮する係数である．部材の重要度とは，たとえば主部材が二次部材より重要であるというように，構造物中に占める対象部材の役割から判断される．曲げ破壊とせん断破壊とに対する安全度を意図的に変化させたり，特定部材で破壊を生じさせたりする必要のある場合には，部材係数 γ_b で考慮することができる．断面耐力を算定する関数は，その平均値を算定することが原則であるので，この関数の変動を γ_b で考慮することが重要である．

- **構造物係数** γ_i　　構造物の重要度，限界状態に達したときの社会的影響などを考慮する係数である．この係数には，対象とする構造物が限界状態に至った場合の

表 2.2 標準的な安全係数の値
（「2007 年制定 コンクリート標準示方書 設計編」土木学会（2008）より）

要求性能 （限界状態）	材料係数 γ_m コンクリート γ_c	材料係数 γ_m 鋼材 γ_s	部材係数 γ_b	構造解析係数 γ_a	荷重係数 γ_f	構造物係数 γ_i
安全性（断面破壊）[*1]	1.3	1.0 または 1.05	1.1〜1.3	1.0	1.0〜1.2	1.0〜1.2
安全性（断面破壊・崩壊）[*2] 耐震性能 II・III [*2] 応答値	1.0	1.0	—	1.0〜1.2	1.0〜1.2	1.0〜1.2
安全性（断面破壊・崩壊）[*2] 耐震性能 II・III [*2] 限界値	1.3	1.0 または 1.05	1.0, 1.1〜1.3	—	—	1.0〜1.2
安全性（疲労破壊）[*1]	1.3	1.05	1.0〜1.1	1.0	1.0	1.0〜1.1
使用性 [*1] 耐震性能 I [*1]	1.0	1.0	1.0	1.0	1.0	1.0

注）*1：線形解析を用いる場合　*2：非線形解析を用いる場合

社会的影響や，防災上の重要性，再建あるいは補修補強に要する費用などの経済的要因も含まれる．

「コンクリート標準示方書」では，標準的な安全係数として表 2.2 の値を規定している．

2.4.5　特徴と問題点

限界状態設計法には，次のような特徴がある．

（1）　異なる限界状態に対する照査規範を，共通の設計体系に収めることができる

安全性に対する検討も使用性に対する検討も，原則的には安全係数の調整により類似の表現法をとることができる．

（2）　荷重作用と強度を分けて扱うことができる

安全率を荷重係数と強度係数という二つの（部分）安全係数に分離することにより，荷重作用に関連した事項と強度に関連した事項とを別々に扱うことができる．

（3）　荷重の特性に応じて異なる荷重係数を課すことができる

一般に，変動の小さい死荷重に対しては，変動の大きな活荷重に対する荷重係数より小さい荷重係数を規定することになる．

（4）　安全係数の中身が明確で，その相対的な定量評価ができる

いくつもの安全係数が設定され，それぞれ考慮すべき内容（不確実性）の度合いに応じて係数の値が決められている．

しかし，安全係数の値は，本来統計確率論的に定められるべきものであるが，データの蓄積が不十分な場合，合理的評価ができない，などの問題点がある．

2.4.6　目標とする安全性レベル

限界状態設計法は，部材や構造物の限界状態を設定し，限界状態に達する確率（破壊確率）をある許容破壊確率（許容安全性レベル）以下に抑えるように，断面寸法や鋼材量を定める設計法である．信頼性理論に基づくことから信頼性設計法ともいえる．そこで問題となるのは，目標とする安全性レベルの設定法である．この設定法には次の三つの方法がある．

（1）　他の事故や災害危険性との比較による方法

われわれが社会生活を営むうえで，交通事故，火災，地震などさまざまな危険にさらされている．このような事象に対し，死亡する可能性や社会的に容認できない

リスクとの対比を行うことにより，構造物の許容安全性レベルの設定の根拠にしようとする考え方である．このような場合，損傷確率は以下の式で表される．

$$損傷確率 = \frac{(対象とする活動での事故，破壊，人的損失の数)}{(対象とする活動への参加者数あるいは総人口)} \qquad (2.11)$$

ただし，このような事故統計に基づく方法は，生命の価値を評価することになるため，価値観の相違により容易に受け入れられない場合があり，統一的な評価式はいまだ確立されていない．

(2)　経済性最適化の考えに基づく方法

これは，構造物の初期建設費および供用期間における地震や疲労，さらには耐久性劣化などさまざまなリスクの可能性を評価し，構造物が損傷や破壊した場合の費用を見込んで供用期間における構造物の総費用を求め，それを最適化（最小化）しようとするものである．

経済性最適化に基づく許容安全性レベル（破壊確率 p_f）は，次式により表される．

$$\min_{p_f} C_T = C_I(p_f) + C_F p_f \qquad (2.12)$$

ここで，C_T は構造物の総費用，C_I は初期建設費で破壊確率の関数，C_F は損傷や破壊した場合の修繕費用である．

安全性レベルを高くとれば，初期建設費は増すが破壊確率が減少するため，右辺第 2 項は減少する．したがって，C_T を最小にする最適許容安全性レベルは存在するはずである．しかし，この方法では，建設費，とくに再建時の建設費の算定が難しく，また，構造信頼性として一定の安全基準を満足する配慮が必要となるなどの問題がある．

(3)　コードキャリブレーションに基づく方法

これまで設計・施工された構造物は数多くあり，それら構造物の安全性と経済性のバランスが社会的にも十分容認されているとの判断から，現行規準に基づき設計された構造物の信頼度へ整合させる方法である．これをコードキャリブレーション法という．この方法では，信頼性のレベルが従来の構造物と整合しているので，これまでに設計・施工された構造物の断面や鉄筋量とほぼ同じものが設計される．新しい設計法の構築にあたっては安全性レベルの設定が難しい場合，これまでの設計法での安全性レベルと整合させる方法がよくとられる．従来の設計示方書が最適解を与えている保証はないので，過度に安全側あるいは危険側に設計する可能性はあるが，現状では現実的な許容安全性レベルの設定法といえる．

2.5　性能照査設計法

2.5.1　性能照査設計法の概要

　これまで用いられてきた許容応力度設計法，終局強度設計法，限界状態設計法は，その安全性検証法やその特徴に違いはあるものの，過去の実験的あるいは解析的研究成果および長年にわたる経験や豊富な実績に基づき，かぶりなどの構造細目にもある確定された値が用いられていた．このような意味において，これまでの設計規準書は仕様規定型設計規準書という．

　これに対し，最近，土木学会では部材や構造物に要求される性能を明示し，これを定量的に照査あるいは評価する方式に改め（美観，景観などのように定量的に照査できない性能もある．），さらに性能評価技術の精度を上げ，その適用範囲を拡大することにより，設計・計画の自由度を高めようとしている．これは，いわゆる性能照査型設計規準書の作成を目指したものであり，既存の技術はもちろん，新しい技術も取り入れて，良質で安全な構造物を経済的に構築することができる体系である．

　これからの設計法は，単にある設計荷重に対し，ある安全性があればよいというものではない．橋梁やダムなどの土木構造物の供用期間は 50 年，100 年あるいはそれ以上と長く，また，その社会的重要性もきわめて高い．構造物は，その供用期間に地震や風などの偶発作用，列車や自動車荷重による疲労の影響，クリープ，乾燥収縮，温度変化などの時間に依存する作用，さらに耐久性を脅かす各種要因などさまざまな種類の荷重や作用を受ける．そのため時間の経過とともに，耐力や耐久性能が損なわれたり，低下したりする可能性がある．したがって，構造物のライフタイムにわたるこれらさまざまなリスクを事前に評価し，設計に考慮することが望ましい．これを実現しうる設計法が性能照査設計法である．

2.5.2　コンクリート構造物に必要な性能（要求性能）

　構造物の設計を行う場合，設計される構造物の設計供用期間を設定しなければならない．一般には，構造物の使用目的および経済性などから，構造物の耐用期間や構造物の設置される環境条件を考慮して定める．そして，構造物は施工中および設計供用期間内において，構造物の使用目的に適合するために要求されるすべての性能を満足しなければならない．一般の構造物に考慮すべき性能には，耐久性，安全性，使用性，復旧性，環境との適合性などがある．以下に，これら要求性能について述べる．

(1)　耐久性

　本来，安全性，使用性，復旧性などの要求性能は，設計供用期間中つねに維持されることを目的に設定されるものである．耐久性は，これらの性能と独立ではなく，これらの性能の経時変化に対する抵抗性である．しかし，性能の経時変化を考慮して安全性，使用性，復旧性などの性能を時間の関数として評価するのは難しい．そこで，設計供用期間中に環境作用による構造物中の各種材料劣化により不具合が生じないことを，構造物の耐久性の要求性能として設定し，この前提が満足されているもとで，安全性，使用性，復旧性などの要求性能に関する照査を行う方法がとられている．これにより，構造物が設計供用期間にわたり各種要求性能を満足することを間接的に保証している．

(2)　安全性

　想定されるすべての作用のもとで，構造物が使用者や周辺の人々の生命や財産を脅かさないための性能である．安全性は，変動荷重や地震など偶発荷重の影響による破壊や崩壊などの構造物の力学上から定まる性能と，供用目的や機能の喪失から定まる性能に大別できる．

(3)　使用性

　想定される作用のもとで，構造物の使用者や周辺の人々が快適に構造物を使用するための性能および構造物に要求される諸機能に対する性能である．使用上の快適性には，一般に，乗り心地，歩き心地，外観，騒音，振動などが設定される．また，諸機能に対する性能には，一般に，水密性，透水性，防音性，防湿性，防寒性，防熱性などの物質遮蔽性・透過性などや，変動荷重，環境作用，偶発作用などの各種要因による損傷が生じ，使用するのが不適当とならない性能が設定される．

(4)　復旧性

　地震の影響などの偶発荷重により，構造物の機能低下が生じた場合の機能回復の難易性を表す性能である．復旧性は，構造物の損傷に対する修復の難易度(修復性)のみならず，被災後の復旧資材の確保，復旧技術の向上などのハード面や復旧体制などのソフト面の整備の有無などに大きく左右される．コンクリート構造物の修復性は，一般に，修復しないでも使用可能な状態や，機能が短期間で回復できる程度の修復が必要な状態などを念頭において，荷重の規模に応じた要求性能のレベルを設定するのがよい．

(5)　耐震性

　「コンクリート標準示方書」では，耐震性に関する照査は，地震時の安全性と地

震後の使用性や復旧性を総合的に考慮するための性能として，それぞれ限界値の異なる次の三つの耐震性能を設定し，照査する．

- **耐震性能 1**　　地震時に機能を保持し，地震後にも機能が健全で，補修をしないで使用が可能な性能である．これは，地震後の構造物の残留変形が十分に小さい範囲に留まっている状態とする性能である．地震時に部材に発生する力が部材の降伏荷重に達していなければ，この耐震性能を満足すると考えてよい．
- **耐震性能 2**　　地震後に機能が短期間に回復でき，補強を必要としない性能である．これは，地震後に構造物の耐荷力は低下しない状態とする性能である．一般には，地震時に各部材はせん断破壊せず，かつ各部材の応答変位が終局変位に至っていなければ，この耐震性能を満足するとしてよい．
- **耐震性能 3**　　地震によって構造物全体系が崩壊しない性能である．これは，地震後に構造物が修復不可能となったとしても，構造物の質量および負載質量，土圧，水圧などによって，構造物全体系は崩壊しない状態とする性能である．コンクリート構造物の場合，一般に，各部材がせん断破壊に対して十分に安全であれば耐震性能 3 を満足するが，構造形式によっては，構造全体系の変位が過大となり，自重による部材の軸変形や付加モーメントが増大して，自己倒壊に至る場合やメカニズムの状態に至る場合がある．それらについても検討する必要がある．

また，限界値は，構造物の耐震性能に応じて適切に設定しなければならない．耐震性能 1 および 2 においては，構造物の全体挙動に及ぼす構成部材の損傷状態の影響を，また，耐震性能 3 においては，構造物の安定と構成部材の抵抗力との関係を考慮して限界値を設定しなければならない．一般に，以下に示す構造部材に対する限界値を満足すれば，構造物の耐震性能を満足すると考えられる．

- **耐震性能 1**　　部材の降伏変位または降伏回転角
- **耐震性能 2**　　部材のせん断耐力，ねじり耐力および終局変位または終局回転角
- **耐震性能 3**　　鉛直部材のせん断耐力および自重支持耐力

その他の要求性能としては，環境との適合性，景観などを挙げることができるが，適切な照査行為を実施できることを検討したうえで設定することが大切である．

2.5.3　性能の照査方法

「コンクリート標準示方書」では，構造物の性能照査は，要求性能に応じた限界状態を施工中および設計供用期間中の構造物あるいは構成部材ごとに設定し，設計

で仮定した形状・寸法・配筋などの構造詳細をもつ構造物あるいは構造部材が，限界状態に至らないことを確認することを原則としている．限界状態は，構造物や部材の状態，材料の状態に関する指標を選定し，要求性能に応じた限界値を与えて設定する．すなわち，構造物の性能照査は，適切な照査指標を定め，その限界値と応答値との比較により行われる．要求性能に対する限界状態，照査指標および荷重の関係の例を表2.3に示す．

表2.3　要求性能に対する限界状態，照査指標と設計荷重の関係の例

要求性能	限界状態	照査指標	考慮する設計荷重
安全性	断面破壊	力	すべての荷重(最大値)
	疲労破壊	応力度・力	繰り返し荷重
	変位変形・メカニズム	変形・基礎構造による変形	すべての荷重(最大値)・偶発荷重
使用性	外観	ひび割れ幅，応力度	比較的しばしば生じる大きさの荷重
	振動	騒音・振動レベル	比較的しばしば生じる大きさの荷重
	車両走行の快適性等	変位・変形	比較的しばしば生じる大きさの荷重
	水密性	構造体の透水量ひび割れ幅	比較的しばしば生じる大きさの荷重
	損傷(機能維持)	力・変形など	変動荷重・偶発荷重

性能の照査は一般に次式により行われる．

$$\gamma_i \frac{S_d}{R_d} \leq 1.0 \tag{2.13}$$

ここで，γ_i は構造物係数，S_d は設計応答値，R_d は設計限界値である．

2.5.4　コンクリート標準示方書における照査の流れ

2.4.4項でみたように，「2007年制定 コンクリート標準示方書 設計編」では，部分安全係数として，材料係数 γ_m，荷重係数 γ_f，構造解析係数 γ_a，部材係数 γ_b および構造物係数 γ_i が規定されている．

部材断面の破壊を対象とする終局限界状態による安全性の照査においては，荷重から設計断面力を求める過程で γ_f と γ_a の二つの部分安全係数を，また，材料強度から設計断面力を求める過程で γ_m と γ_b の二つの部分安全係数を設定し，さらに設計応答値と設計限界値を比較する段階で部分安全係数(構造物係数) γ_i を設定している．これらの部分安全係数の数値はともかく，概念的には他の限界状態に対しても適用することができる．

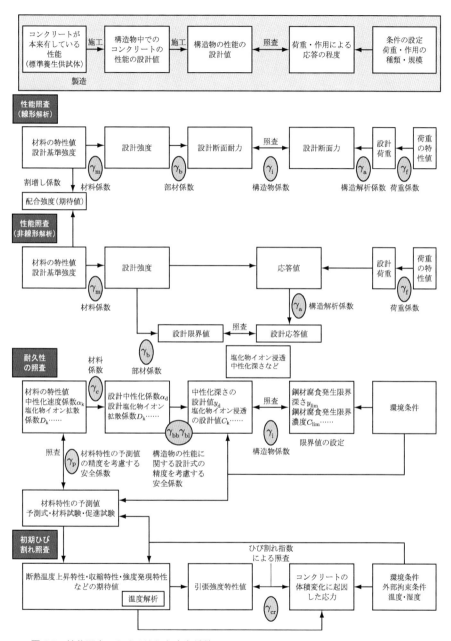

図 2.7 性能照査における流れと安全係数
(「2007 年制定 コンクリート標準示方書 設計編」土木学会(2008)より)

　図 2.7 に，構造性能照査と耐久性照査の流れと安全係数を示す．異なる性能の照査や異なる限界状態の照査に対しても同一の考え方のもとで照査が可能であることがわかる．

2.5.5　コンクリートに必要な品質

　設計における照査行為は重要事項であるが，設計で意図した性能を有する部材や構造物を実現するには，使用される材料，とくにコンクリートの品質が所定のものでなければならない．コンクリートに要求される基本的品質として，均質性，ワーカビリティー，強度，耐久性，ひび割れ抵抗性などがある．

- **均質性**　　構造物に供給されるコンクリートのばらつきが大きいと，施工時に不具合が生じやすくなるだけでなく，所要の強度を確保するために大きな安全係数を用いて配合設計を行う必要が生じ，一般に不経済となる．また，耐久性，ひび割れ抵抗性，美観などを損なう場合も多い．
- **ワーカビリティー**　　施工を適切かつ効率的に行い，欠陥の少ないコンクリート構造物を造るためには，使用するコンクリートが，運搬，打ち込み，締固め，仕上げなどの作業に適するワーカビリティーを有していなければならない．
- **強度**　　コンクリート構造物がその供用期間中に所定の安全性や供用性を有しているためには，使用するコンクリートが，設計段階で想定した強度，すなわち，設計基準強度を有しなければならない．
- **耐久性**　　コンクリート構造物がその供用期間中に所定の安全性や供用性を有しているためには，使用するコンクリートが，設計基準強度はもちろんのこと，所要の耐久性を有していなければならない．またコンクリート構造物の内部に配置された鋼材が長期にわたって所要の機能を発揮するためには，コンクリートがこれらの鋼材を腐食から十分に保護する性能を有していることも重要である．コンクリートに要求される耐久性に関連する品質としては，凍結融解作用に代表される物理的作用，硫酸塩あるいは酸などによる化学作用，アルカリシリカ反応に代表されるような使用材料の品質に起因したコンクリートそのものの劣化に対する耐久性，ならびにコンクリート中に浸透して鋼材腐食を促進させる塩化物イオンや炭酸ガスの作用などに対して鋼材を保護する性能に大別される．
- **水密性**　　水密性は透水あるいは透湿に対する抵抗性を表す品質である．水密を要するコンクリート構造物は，透水により構造物の安全性，耐久性，機能性，維持管理，外観などが影響を受けるものである．

- **ひび割れ抵抗性**　コンクリート構造物における過大なひび割れの発生は，耐久性や水密性に悪影響を及ぼすばかりでなく，美観上も好ましくないため，ひび割れの発生しにくいコンクリートを用いることは重要である.

通常のコンクリートに求められる品質および関係する主な指標との関係を表2.4に示す.

表2.4　コンクリートの品質と関係する主な指標

コンクリートの品質	関係する主な指標
断熱温度上昇特性	結合材の品質，単位結合材量，温度(打込み時)
強度	セメント(結合材)水比
中性化速度係数	結合材の品質，有効水結合材比
塩化物イオンに対する拡散係数	水セメント比(塩化物イオン量：内的塩害の場合)
相対動弾性係数	水セメント比，空気量，骨材の品質
耐化学的侵食性	結合材の品質，水結合材比
耐アルカリ骨材反応性	骨材および結合材の品質，単位セメント量
透水係数	水セメント比
耐火性	骨材の品質，単位水量
収縮特性	コンクリート材料の品質，単位水量，単位セメント量
ワーカビリティー	粗骨材の最大寸法，スランプ，ブリーディング率(量)，(目視による材料分離の程度)
ポンパビリティー	骨材の品質，粗骨材の最大寸法，スランプ，ブリーディング率(量)，(目視による材料分離の程度)
凝縮特性	セメントの品質，混和材料の品質，温度(打込み時)

2.6　信頼性設計法の意義

2.1節で述べたように，限界状態設計法も性能照査設計法も本来信頼性理論に基づく設計法である．とくに，性能照査設計法は，部材や構造物の限界状態を考慮して，構造物に必要な性能を設定し，それが供用期間にわたり満足しているかどうかを照査することにより，安全性を確保しようとしている．すなわち，設計にかかわる不確実性を統計・確率論によって定量的に評価し，ある設計荷重に対して挙動がある限界状態に達する確率を算定し，それがある許容値以下になるように照査する．いいかえれば，信頼性理論を用いて限界状態に達する確率(破壊確率)を算定し，それが目標破壊確率以下となることを目指す設計法である．また，限界状態はいわゆる限界状態式を設定することにより，定量的に定め，破壊確率が目標破壊確率以下となるように安全係数を設定することも大きな特徴である．

構造物の重要度に応じて目標破壊確率を設定し，それに応じた安全係数を定め，断面や鉄筋量を算定することができる．そのときどきの技術レベル，情報レベルに

応じて設計にかかわる不確実性の内容，ばらつきの程度は変化するが，それらに対応した設計が可能となる設計法である．

　このような一連の考え方が，信頼性理論に基づく構造設計法(第 4 章以降参照)である．この設計法を導入する意義は，次のとおりである．

- 設計過程の透明化
- 合理的な安全性評価
- 構造物の設計施工などの技術者および使用者への説明の明確化

　たとえば，耐震設計では地震動評価の不確実性，モデルの不確実性に応じて応答値にも不確実性が生じる．このため，設計に用いる地震作用を超える地震動が生じる可能性はゼロではない．通常，設計上の地震動をある程度超える作用が働いたとしても，構造物が所要の性能を発揮することが期待される．どの程度の余裕をもたせるかは工学的判断であるが，地震作用モデルを超える地震動に対して，所要の性能を確保できる可能性を定量的に示すことは，構造物の管理者，設計者，利用者にとって意義があり，その際，信頼性設計が有用な手法となりうる．

　また，許容できるリスクの設定にあたっては，人間の社会活動に伴うさまざまなリスクとの比較が可能である．たとえば，車や航空機の交通事故による死亡確率，医療事故による死亡確率などとの比較である．

　信頼性理論は，荷重作用として環境作用を考えた耐久性設計にも適用可能である．たとえば，S として飛来塩分などの環境作用をとり，R として鉄筋が腐食する限界塩分量などを考えれば，塩害による鉄筋腐食発生などの限界状態に対する安全性を評価できる．そして，信頼性理論により求められる破壊確率を安全性の共通の尺度とすることで，耐震設計も耐久設計も統一した設計体系に集約できる可能性がある．

　構造設計に信頼性理論(設計法)を導入する利点を挙げると，次のようになる．

- 多くの部材からなる構造物に対して部材間の安全性比較，過大な荷重に対し，最終的に破損させるべき部材の選定ができる．
- 構造物や部材には複数の破壊モードが存在するが，設計で考慮する支配的破壊モードを現実に抽出でき，他の破壊モードとの差別化を図ることができる．したがって，望ましくない破壊モードは設計上避けることができる．
- 耐震設計において，地震危険度の異なる地点に対し，同一の安全性をもつ設計ができる．また，既存構造物の耐震診断を破壊確率という共通の安全性尺度で検討できるため，耐震補強優先順位などを合理的に決定できる．

- コンクリート構造物，鋼構造物，複合構造物，土構造物といった異なる材料からなる異種構造物間の安全性を破壊確率という共通の尺度で比較検討できる．
- 道路や鉄道などネットワークで機能するものに対しては，安全性の低い部位や構造物を特定できる．
- 耐久性劣化に及ぼす影響因子には複数あるが，さまざまな劣化現象の生じる可能性を破壊確率という同一尺度で検証できる．
- 耐震設計，耐久設計といった異なる設計に対し，破壊確率という共通の尺度を導入することにより，統括的安全性評価が可能となる．

　従来の設計法では，構造物の耐震設計を行う際，耐久性のことは必ずしも考慮していなかった．しかし，耐久性に問題のある構造物や損傷を受けている構造物が地震の影響を受ける場合の安全性は，本来，それらを考慮して設計する必要がある．信頼性設計法は，このような場合に対しても一つの解を与えてくれる設計法である．

演習問題

2.1　許容応力度設計法の長所と短所について述べよ．

2.2　終局強度設計法の長所と短所について述べよ．

2.3　コンクリート構造物の限界状態とはどのような状態であるかを説明せよ．また，限界状態を二つに大別し，それぞれどのような限界状態が考えられるかを説明せよ．

2.4　許容応力度設計法，終局強度設計法および限界状態設計法における安全性検証法について説明せよ．

2.5　限界状態設計法における三つの安全性照査(検証)水準について説明せよ．

2.6　限界状態設計法で用いられる各種部分安全係数，すなわち，材料係数，荷重係数，構造解析係数，部材係数および構造物係数は，それぞれどのような不確実性や変動を考慮しようとしたものかを説明せよ．

2.7　コンクリート構造物の設計において設定すべき要求性能について述べよ．

2.8　信頼性設計法の意義と利点について述べよ．

2.9　コンクリート，鋼，地盤など材料が異なる構造物に対する合理的性能照査設計法を確立するために，今後必要となる研究分野や調査項目について記述せよ．

第3章

確率論の基礎

第1章では，構造設計にかかわる多くの変数は不確定要因であり，ばらつきを
もっていることを述べた．ここでは，そのような不確実性のある変数をどのように
扱ったらよいかを検討する．

3.1 確率

3.1.1 平均・標準偏差・相関

度数分布やヒストグラムなどは，データの集まりについて意味のある情報を与
えてくれることが知られている．そのとき，測定値の全体について記述する物差
しとなるものを測度(measure)といい，統計的データから求められるものを統計値
(statistics)という．統計値は変数とみなすと統計量となる．すなわち，統計値は統
計量の一つの実現値である．平均や標準偏差，変動係数などはいずれもその例で
ある．

(1) 平均

一つの変数のデータの集まりにおいて，その全体的傾向あるいは中心的な値，お
よび中心的な値のまわりにデータがどのようにばらついているかが問題となる．

ばらつきの中心的な値としてもっともよく使われるのが，

$$\bar{x} = \frac{1}{N} \sum_{i=1}^{N} x_i = \frac{1}{N}(x_1 + x_2 + \cdots + x_N) \tag{3.1}$$

と定義される算術平均値 $\bar{x}$ である．ここで，x_i は各データの値である．とくに断り
がない限り，平均(mean)といえばこの算術平均値をさす．

中心的な値を示すものとして，平均以外にも中央値(メジアン，median)，最確
値(モード，mode)，幾何平均(geometric mean)，調和平均(harmonic mean)など
がある．中央値は，データを大きさの順に並べたときの中央の値であり，データの
総数が奇数のときにはただ一つ確定するが，偶数のときには中央の値は二つあるの
でその平均をとる．平均値は現実に必ずしもその値が実現するとも限らないし，偶
数個あるデータの中央値の場合も同様である．そこで，もっとも出現する度数の高
い測定値を代表値にとったものが最確値である．データが組分けされているときに

は，もっとも度数の多いクラスの中点値(midpoint)をとる．さらに，幾何平均はすべてのデータ N 個の積の N 乗根，すなわち，$(x_1 x_2 \cdots x_N)^{1/N}$ で表され，経済指数や価格の比率などを扱うときに用いられる．また，調和平均は，データの逆数の算術平均，すなわち $(1/N) \sum_{i=1}^{N} x_i^{-1}$ で表され，キロあたりの所要時間，時間あたりのキロ数といった類の比率を扱うときに用いられる．

(2) 標準偏差

データの集団の中心的な値に対し，集団全体がどのように散らばっているかを示すことも重要である．データの最大値と最小値との差として定義される範囲(range)も散らばり方を表す一つの測度であるが，もっと正確に理論的に表したものが，次式で示される標準偏差(standard deviation) s である．

$$s = \sqrt{\frac{1}{N} \sum_{i=1}^{N} (x_i - \overline{x})^2} \tag{3.2}$$

標準偏差 s を2乗したもの，すなわち s^2 を分散(variance)という．また，分散に比べ，次式で示される理論的に優れた性質(3.7.3項参照)をもつ不偏分散(unbiased variance)もばらつきを表す測度の一つである．

$$u^2 = \frac{1}{N-1} \sum_{i=1}^{N} (x_i - \overline{x})^2 \tag{3.3}$$

標準偏差はデータのばらつきを示す測度であるが，他のデータのばらつきを比較するには，標準偏差の平均に対する比をとったほうがより適切である．次式で表されるこの比を変動係数(coefficient of variation) CV という．

$$CV = \frac{s}{\overline{x}} \tag{3.4}$$

(3) 相関

2変数 x, y の間の相互の大まかな関係を知るには，平面上に (x, y) を座標とする点をプロットして得られる散布図(scatter diagram)を作成すればよい．二つ以上の変量の間の相互関係を相関(correlation)という．相関の程度を定量的に表現したものが相関係数(correlation coefficient)であり，N 組の2変数 (x_i, y_i) $(i = 1, 2, \cdots, N)$ に対する相関係数 r は次式で表される．

$$r = \frac{\sum_{i=1}^{N} (x_i - \overline{x})(y_i - \overline{y})}{\sqrt{\sum_{i=1}^{N} (x_i - \overline{x})^2} \sqrt{\sum_{i=1}^{N} (y_i - \overline{y})^2}} \tag{3.5}$$

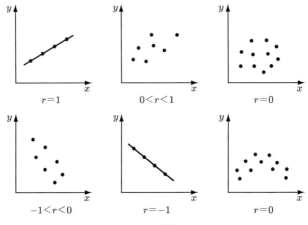

図 3.1　r と相関の関係

　図 3.1 に相関の様子を示す．$r = \pm 1$ のときには，N 個のデータはすべて正確に
直線 $y = \overline{y} + r(s_y/s_x)(x - \overline{x})$（ただし，$s_x$，$s_y$ は x，y の標準偏差）の上にのってい
ることを示し，$r = 1$ のときには直線は右肩上がり，$r = -1$ のときには右肩下がり
となる．$r = 0$ のときには直線的関係は認められず無相関という．$|r| < 1$ のときに
は，点 (x_i, y_i) が直線からはずれている程度を表す．相関係数は 2 変数の間の直線
的相関の程度を表す尺度であり，曲線的相関については情報を与えていない．

3.1.2　標本空間

　「確率」では問題となるシステムの構造を決め，これに対応する数学的モデルを
設定し，これを特徴づける母数である定数の数値を指定したうえで，どのような結
果がどれだけの割合で起こるのかを求めようとする．これに対し，「統計」では，シ
ステムの構造と，これを適切に表現すると考えられるモデルを想定するけれども，
母数の数値を決めるのには，観測された結果から推定によって得られる数値を用い，
それによってシステムを解析することになる．

　このように，統計では実験や観測によって得られた結果に基づいて推測をするわ
けであるが，その結果を表すのに便利なのは標本空間（sample space）である．

　たとえば，一つのサイコロを振るときの目の出方（結果）は，1,2,3,4,5,6 の 6 通りが
考えられ，標本空間 {1,2,3,4,5,6} で表される．これら一つひとつを標本点（sample
point）という．二つのサイコロを振ったときの結果は，次の 36 通りが考えられる．

(1 1)	(1 2)	(1 3)	(1 4)	(1 5)	(1 6)
(2 1)	(2 2)	(2 3)	(2 4)	(2 5)	(2 6)
(3 1)	(3 2)	(3 3)	(3 4)	(3 5)	(3 6)
(4 1)	(4 2)	(4 3)	(4 4)	(4 5)	(4 6)
(5 1)	(5 2)	(5 3)	(5 4)	(5 5)	(5 6)
(6 1)	(6 2)	(6 3)	(6 4)	(6 5)	(6 6)

この一つひとつが標本点であり，これら 36 点で標本空間が構成されている.

　標本空間の点のうち，ある特定の性質をもった標本点の和，すなわち集合はその性質に対応する事象(event)という．一つの実験の結果には一つの標本空間が対応し，一つの事象 E に対しては標本空間のいくつかの標本点の組が対応するが，それを除いた標本空間の残りのすべての点の組に対応する事象を E の余事象(complementary event)といい，$\overline{E}$（あるいは E^{c}）で表す.

　いくつかの事象があるとき，それらに共通の標本点の集合も考えられる．二つの事象 E_1, E_2 に共通な標本点の集合は，「E_1, E_2 がともに起こる」という事象であり，これを E_1, E_2 の積事象(product event)といい，$E_1 E_2$ あるいは $E_1 \cap E_2$ と表す．二つの事象 E_1, E_2 が共通の事象をもたないこともある．このとき，$E_1 E_2$ は一つも標本点をもたないわけで，空事象(null event)といい，$E_1 E_2 = \phi$ と書く．このとき，E_1, E_2 は互いに排反(exclusive)であるという.

　また，「二つの事象 E_1, E_2 の少なくとも一つの事象が起こる」という事象は，E_1, E_2 の和事象(sum event)といい，$E_1 + E_2$ あるいは $E_1 \cup E_2$ で表す.

　ここに示した集合間の関係を検討する場合，図3.2のようなベン図(Venn diagram)が有効である.

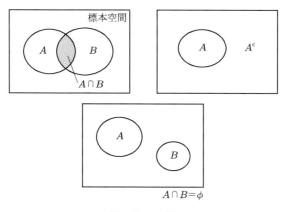

図 3.2　ベン図

集合間の主な関係として以下のものが挙げられる.

反射律　　　　$A \subseteq A$

推移性　　　　$A \subseteq B$ かつ $B \subseteq C$ のとき $A \subseteq C$

　　ここで, $A \subseteq B$ は, 集合 A は集合 B に包含されることを意味する.

交換法則　　　$A \cup B = B \cup A$

　　　　　　　$A \cap B = B \cap A$

結合法則　　　$A \cup (B \cup C) = (A \cup B) \cup C$

　　　　　　　$A \cap (B \cap C) = (A \cap B) \cap C$

分配法則　　　$A \cap (B \cup C) = (A \cap B) \cup (A \cap C)$

　　　　　　　$A \cup (B \cap C) = (A \cup B) \cap (A \cup C)$

ド・モルガンの法則　　$(A \cap B)^{\mathrm{c}} = A^{\mathrm{c}} \cup B^{\mathrm{c}}$

　　　　　　　　　　　$(A \cup B)^{\mathrm{c}} = A^{\mathrm{c}} \cap B^{\mathrm{c}}$

　標本空間が, サイコロの例のように有限個数の標本点で構成されるか, あるいは無限個数の標本点であっても, $E_1, E_2, \cdots$ というように一連の番号のつけられる単純事象の集まりで構成されるときは, いずれも離散的であるという. これに対し, あらゆる実数値(点)が標本空間を構成するようなときは連続的であるという.

3.1.3　確率の導入

　k 個の標本点 $x_1, x_2, \cdots, x_k$ からなる標本空間 $\{x_1, \cdots, x_k\}$ を考える. 実験を n 回繰り返したとき, 結果 x_i の起こった回数を $f_i = f(x_i)$ とすれば, $n = \displaystyle\sum_{i=1}^{k} f(x_i)$ である. また, 一つの事象 E の起こった回数, すなわち実験結果が E の中の点の一つである回数を $f(E)$ とする. 相対度数 $f(x_i)/n$ および $f(E)/n$ はいずれも n が増すにつれて, それぞれ一定の極限値に近づく性質をもっている. これらの相対度数が安定性をもつことは, 実験の条件を一定に保って多数回実験を繰り返す場合につねに見出される事実である. このように, 一つの実験で相対度数が大きな n の値に対して安定性をもっている場合, 実験はランダムであるという. この場合, 長期にわたって実験を繰り返すとき, 結果が x_i であることの理想的な相対度数を表す数値を各標本点 x_i に付与し, これを確率といい, $\mathrm{Pr}(x_i)$ あるいは $P(x_i)$ と書く.

　相対度数には, $0 \leq f(x_i) \leq n$, $\displaystyle\sum_{i=1}^{k} f(x_i) = n$, すなわち $0 \leq f(x_i)/n \leq 1$, $\displaystyle\sum_{i=1}^{k} f(x_i)/n = 1$ といった性質があり, 極限値に対してもこの性質は当然当てはまるので, 次式が成り立つ.

$$0 \leq \Pr(x_i) \leq 1 \qquad (i = 1, 2, \cdots, k) \tag{3.6}$$

$$\sum_{i=1}^{k} \Pr(x_i) = 1 \tag{3.7}$$

確率は，相対度数の安定性を利用して導入されたものであるから，上式が満足することを前提とすべきである．また，事象 E に含まれるすべての標本点 x_i（これを $x_i \in E$ と書く）について $f(x_i)$ を加えれば，$f(E) = \sum_{x_i \in E} f(x_i)$ であるから，

$$\Pr(E) = \sum_{x_i \in E} \Pr(x_i) \tag{3.8}$$

となる．

実験の結果としてつねに起こる事象 E は，経験的に確実な事象といい，その相対度数はつねに $f(E) = n/n = 1$ であるから，確実な事象 E の確率は 1 である．ただし，この逆は必ずしも成立しないことに注意する必要がある．また，実験の結果起こることのできない事象 ϕ を経験的に不可能な事象といい，その相対度数はつねに 0 であることから，経験的に不可能な事象 ϕ の確率は 0 である．この逆はやはり必ずしも成立しない．

例題 3.1 サイコロを振るとき，偶数の目が出る事象を E_1，1 の目の出る事象を E_2 とするとき，E_1 または E_2 が起こる確率を求めよ．

解 $\quad \Pr[E_1 \cup E_2] = \Pr(E_1) + \Pr(E_2) = \dfrac{1}{2} + \dfrac{1}{6} = \dfrac{2}{3}$

例題 3.2 サイコロを振り，偶数の目または 3 以上の目が出る確率を求めよ．

解 偶数の目の出る事象を E_1，3 以上の目が出る事象を E_2 とすると，$E_1 = \{2, 4, 6\}$，$E_2 = \{3, 4, 5, 6\}$ であるから，次式のようになる．

$$\Pr[E_1 \cup E_2] = \Pr(E_1) + \Pr(E_2) - \Pr[E_1 \cap E_2] = \frac{3}{6} + \frac{4}{6} - \frac{2}{6} = \frac{5}{6}$$

3.1.4 条件付確率

一つの事象 E の余事象 $\overline{E}$ については，次式が成り立つ．

$$\Pr(E) + \Pr(\overline{E}) = 1 \tag{3.9}$$

これを全確率の公式という．

二つの事象 E_1，E_2 を考える．一般に，E_1，E_2 が共通部分をもつときには，

$$\Pr[E_1 \cup E_2] = \Pr(E_1) + \Pr(E_2) - \Pr[E_1 \cap E_2] \tag{3.10}$$

となり，特別な場合として，互いに排反ならば，

$$\Pr[E_1 \cup E_2] = \Pr(E_1) + \Pr(E_2) \tag{3.11}$$

が成立する．これらを確率の加法定理という．

　さて，ここでランダムな実験の結果の中に，二つの事象 E_1, E_2 が含まれているとする．この実験を n 回繰り返したとき，E_2 が起こったという条件のもとで E_1 の起こる確率，すなわち，条件付確率(conditional probability) $\Pr[E_1 \mid E_2]$ は，次式で表される．

$$\Pr[E_1 \mid E_2] = \frac{\Pr[E_1 \cap E_2]}{\Pr(E_2)} \tag{3.12}$$

したがって，

$$\Pr[E_1 \cap E_2] = \Pr(E_2)\Pr[E_1 \mid E_2] \tag{3.13}$$

となる．これを確率の乗法定理という．同様に，以下の式も成り立つ．

$$\Pr[E_2 \mid E_1] = \frac{\Pr[E_2 \cap E_1]}{\Pr(E_1)} \tag{3.14}$$

$$\Pr[E_2 \cap E_1] = \Pr(E_1)\Pr[E_2 \mid E_1] \tag{3.15}$$

　もし，事象 E_1 の確率が，事象 E_2 が起こっても起こらなくても（E_2 の余事象 $\overline{E_2}$ が起こっても）同じで変わらないときは，

$$\Pr[E_1 \mid E_2] = \Pr[E_1 \mid \overline{E_2}] \tag{3.16}$$

となる．このとき E_1 は E_2 から独立(independent)であるという．式 (3.13) より次式が導かれ，独立性の定義として用いられる．

$$\Pr[E_1 \cap E_2] = \Pr(E_1)\Pr(E_2) \tag{3.17}$$

例題 3.3　容器に 5 個の製品が入っていて，その中に不良品が 2 個ある．この容器から 1 個ずつ元に戻さないで 2 個製品を取り出すとき，1 回目に良品が取り出された，2 回目も良品が出る確率および 1 回目に不良品が取り出され，2 回目に良品が出る確率を求めよ．

解　1 回目に良品が出る事象を E_1，不良品が出る事象を $\overline{E_1}$ などとすると，次式のようになる．

$$\Pr[E_2 \mid E_1] = \frac{2}{4}, \quad \Pr[E_2 \mid \overline{E_1}] = \frac{3}{4}$$

例題 3.4 不良品 2 個，良品 3 個が入っている容器から非復元抽出（取り出したものを元に戻さない）で 2 個取り出すとき，最初に良品を取り出し，2 回目も良品を取り出す確率を求めよ。

解 最初に良品を取り出す事象を E_1，2 回目に良品を取り出す事象を E_2 とする。

$$\Pr[E_1 \cap E_2] = \Pr(E_1)\Pr[E_2 \mid E_1] = \frac{3}{5} \times \frac{2}{4} = 0.3$$

例題 3.5 容器に 20 個の部品が入っている。そのうち 5 個は不良品である。この容器からランダム（無作為）に 2 個の部品を取り出すとき，次のことを求めよ。
（1）両方とも良品である確率
（2）両方とも不良品である確率
（3）1 個良品で 1 個不良品である確率

解 最初の部品が良品である事象を E_1，2 番目の部品が良品である事象を E_2 とする。

（1）$\Pr[E_1 \cap E_2] = \Pr(E_1)\Pr[E_2 \mid E_1] = \left(\dfrac{15}{20}\right)\left(\dfrac{14}{19}\right) = 0.553$

（2）$\Pr[\overline{E_1} \cap \overline{E_2}] = \Pr(\overline{E_1})\Pr[\overline{E_2} \mid \overline{E_1}] = \left(\dfrac{5}{20}\right)\left(\dfrac{4}{19}\right) = 0.053$

（3）最初が良品で 2 回目が不良品である事象を E_1，最初が不良品で 2 回目が良品である事象を E_2 とすると，E_1 と E_2 は排反だから，次式のようになる。

$$\Pr[E_1 \cup E_2] = \Pr(E_1) + \Pr(E_2) = \left(\frac{15}{20}\right)\left(\frac{5}{19}\right) + \left(\frac{5}{20}\right)\left(\frac{15}{19}\right) = 0.395$$

例題 3.6 ある商品を検査したところ不良品は 5 ％で，良品の中の一級品の割合は 50 ％であった。この商品の一級品の確率を求めよ。

解 良品である事象を E_1，一級品である事象を E_2 とすると，次式のようになる。

$$\Pr[E_1 \cap E_2] = \Pr(E_1)\Pr[E_2 \mid E_1] = (1 - 0.05) \times 0.5 = 0.475$$

例題 3.7 同じ製品を 3 工場で生産している。工場 i $(i = 1, 2, 3)$ で生産される事象を E_i $(i = 1, 2, 3)$ とする。その製品が良品であるという事象を G とする。製品を任意に選んだとき，E_i に属する確率を 0.4, 0.25, 0.35 とする。また，良品の率をそれぞれ 0.95, 0.80, 0.90 とする。任意に 1 個の製品を選んだとき，その製品が良品である確率を求めよ。

解
$$\begin{aligned}
\Pr(G) &= \Pr[E_1 \cap G] + \Pr[E_2 \cap G] + \Pr[E_3 \cap G] \\
&= \Pr(E_1)\Pr[G \mid E_1] + \Pr(E_2)\Pr[G \mid E_2] + \Pr(E_3)\Pr[G \mid E_3] \\
&= 0.4 \times 0.95 + 0.25 \times 0.80 + 0.35 \times 0.90 = 0.895
\end{aligned}$$

3.1.5　ベイズの定理

標本空間 Ω が互いに排反な事象 $A_1, A_2, \cdots, A_n$ に分割されているとき，任意の事象 B は，以下のように表現できる．

$$B = B \cap \Omega = B \cap (A_1 \cup A_2 \cup \cdots \cup A_n) = \sum_{i=1}^{n} B \cap A_i \tag{3.18}$$

したがって，完全加法性から

$$\Pr(B) = \Pr\left[\sum_{i=1}^{n} B \cap A_i\right] = \sum_{i=1}^{n} \Pr[B \cap A_i]$$

が成立し，乗法定理より

$$\Pr(B) = \sum_{i=1}^{n} \Pr[B \mid A_i] \Pr(A_i) \tag{3.19}$$

が得られる．これを全確率の定理(theorem of total probability)という．これを用いると以下のベイズの定理が導かれる．

乗法定理より，$\Pr[B \mid A_i] \Pr(A_i) = \Pr[A_i \mid B] \Pr(B)\ (i = 1, 2, \cdots, n)$ なので，B に全確率の定理を適用すると，

$$\begin{aligned}
\Pr[A_i \mid B] &= \frac{\Pr[B \mid A_i] \Pr(A_i)}{\Pr(B)} \\
&= \frac{\Pr[B \mid A_i] \Pr(A_i)}{\displaystyle\sum_{l=1}^{n} \Pr[B \mid A_l] \Pr(A_l)} \qquad (i = 1, 2, \cdots, n)
\end{aligned} \tag{3.20}$$

となる．これをベイズ(Bayes)の定理という．

$\Pr(A_i)$ は事象 A_i が発生する確率(事前確率(prior probability)という)であり，$\Pr[A_i \mid B]$ は事象 B が起こった後での事象 A_i の確率(事後確率(posterior probability))である．ベイズの定理は，ある結果が得られたとき，その結果を反映したもとでの事後確率を求めるのに使われる．

式 (3.20) では，B が与えられたときの A_i の条件付確率が，A_l が与えられたときの B の条件付確率の関数として示されている．ベイズの定理により条件性が逆転していることがわかる．

例題 3.8　ある大きさの地震で橋脚が破壊されるという事象を A_1，破壊されない事象を A_2 とし，$\Omega = A_1 + A_2$ とする．過去のデータからこの規模の地震で橋脚が破壊される確率は 0.05 と推定されている．また，軟弱層が存在する場合，橋脚が破壊される確率が大きくなると推察される．全国の橋脚を調べた結果，橋脚が破壊されたとき，軟弱層が存在し

た確率は 0.8，破壊されなかった橋脚で，軟弱層が存在した確率は 0.3 であった．これらの情報から，軟弱層が存在し，この規模の地震時に橋脚が破壊される確率をベイズの定理から求めよ．

解 $\Pr(A_1) = 0.05$，$\Pr(A_2) = 0.95$ であり，軟弱層が存在する事象を B で表すと，次式のようになる．

$$\Pr[B \mid A_1] = 0.8, \quad \Pr[B \mid A_2] = 0.3$$

$$\Pr[A_1 \mid B] = \frac{\Pr[B \mid A_1]\Pr(A_1)}{\Pr[B \mid A_1]\Pr(A_1) + \Pr[B \mid A_2]\Pr(A_2)}$$

$$= \frac{0.8 \times 0.05}{0.8 \times 0.05 + 0.3 \times 0.95} = 0.123$$

3.1.6 確率変数，確率分布関数

実験や観察の結果は標本空間の点で表される．結果を表す変数 X の実現値 x は，サイコロの例では，標本点を表す $\{1,2,3,4,5,6\}$ のどれかをランダムにとり，X はランダム変数，あるいは確率変数(random variable)という．X のとりうる値に対し，それぞれ確率が付与されるが，この確率は X の値 x によって決まるもので，これを $\Pr[X = x]$ と書き，X の確率関数(probability function)といい，$f(x)$ と書く．

離散的標本空間で，確率変数 X のとりうる値を大きさの順に並べたものを，$x_1, x_2, \cdots, x_N \ (N < \infty)$ としたとき，任意の x の値をとれば，$x_n \leq x < x_{n+1}$ となる x_n があり，

$$\Pr[X \leq x] = \sum_{i=1}^{n} f(x_i) \tag{3.21}$$

はまた x の関数で，これを累積分布関数(cumulative distribution function)あるいは単に確率分布関数といい，$F(x)$ と書く．

連続分布のときも同様であり，同一条件で生産された n 個の部品の寿命が $x_1, x_2, \cdots, x_n$ であったとき，寿命が x 以下であるものの相対度数を $F_n(x)$ とすれば，これは

$$F_n(x) = \frac{(x_i \leq x \ \text{である} \ x_i \ \text{の個数})}{n} \tag{3.22}$$

で与えられる．離散分布の場合と同じように，n が大きくなるにつれて，$F_n(x)$ は一つの極限値に近づくことが知られている．この極限値を $F(x)$ で表し，これを確率分布関数という．すなわち，

$$F(x) = \Pr[X \leq x] \tag{3.23}$$

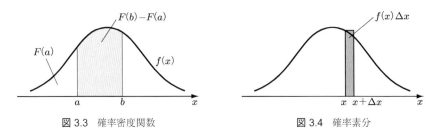

図 3.3　確率密度関数　　　　　　　図 3.4　確率素分

と書ける．$F(x)$ の性質として，次式が成り立つ．

$$\lim_{x \to \infty} F(x) = F(+\infty) = 1 \quad \text{および} \quad \lim_{x \to -\infty} F(x) = F(-\infty) = 0$$

(3.24)

$F(x)$ は x の非減少関数で，$a < b$ のとき，

$$F(b) - F(a) = \Pr[x \le b] - \Pr[x \le a] = \Pr[a < x \le b]$$

(3.25)

である．連続関数 $F(x)$ が導関数 $F'(x) = f(x)$ をもつとき，分布は連続であるといい，$F(x)$ が非減少なことから $f(x) \ge 0$ である．そして，次式が成り立つ．

$$F(x) = \int_{-\infty}^{x} f(x)\, \mathrm{d}x$$

(3.26)

$f(x)$ は確率密度関数(probability density function)あるいは単に密度関数という．

式 (3.25) および (3.26) から

$$\Pr[a < x \le b] = F(b) - F(a) = \int_{-\infty}^{b} f(x)\, \mathrm{d}x - \int_{-\infty}^{a} f(x)\, \mathrm{d}x$$

$$= \int_{a}^{b} f(x)\, \mathrm{d}x$$

(3.27)

となる．これは，$f(x)$ の表す曲線の下，x 軸の上，a, b の間に挟まれる面積(図 3.3 のグレーの部分)に等しい．

もし，Δx が十分小さければ，

$$\int_{x}^{x+\Delta x} f(x)\, \mathrm{d}x \approx f(x)\Delta x$$

(3.28)

で，$(x, x + \Delta x)$ の間の曲線 $f(x)$ の下面積は近似的に $f(x)\Delta x$(図 3.4 のグレーの部分)に等しい．

3.1.7　期待値

離散的確率変数 X において，

$$\Pr[X = x_i] = p_i \qquad (i = 1, 2, \cdots, k)$$

(3.29)

のとき，X の関数 $g(X)$ に対し，

$$E[g(X)] \equiv \sum_{i=1}^{k} g(x_i)p_i \tag{3.30}$$

を $g(X)$ の期待値(expected value)という．これは，関数 $g(X)$ が $X = x_1, X = x_2, \cdots, X = x_n$ に対して，$g(x_1), g(x_2), \cdots, g(x_n)$ という値を，確率 $p_1, p_2, \cdots, p_n$ でとるので，$g(x_i)$ にそれぞれ実現の可能性である確率 p_i を重みとしてつけた平均と考えられる．期待値というのは平均的にはこの値が期待されるという意味である．

同様に，確率密度関数 $f(x)$ をもつ連続的確率変数 X に対しては，$g(x)$ に確率密度を掛けたものを X の全領域にわたって積分したもので期待値を定義できる．すなわち，

$$E[g(X)] = \int_{-\infty}^{+\infty} g(x)f(x)\,\mathrm{d}x \tag{3.31}$$

で関数 $g(X)$ の期待値が定義できる．記号 E は線形作用素であり，

$$E[cg(X)] = cE[g(X)] \qquad (c：定数) \tag{3.32}$$

$$E[g(X) + h(X)] = E[g(X)] + E[h(X)] \tag{3.33}$$

が成り立つ．

3.1.8 積率・積率母関数

$g(X) = x^r \ (r = 1, 2, \cdots)$ であるときの $E[X^r]$ は原点まわりの r 次の積率(moment)といい，μ'_r と書く．すなわち，

$$\mu'_r = E[X^r] = \sum_{i=1}^{k} x_i^r p_i \quad \text{または} \quad \int_{-\infty}^{+\infty} x^r f(x)\,\mathrm{d}x \tag{3.34}$$

である．とくに，$r = 0$ のとき $\mu'_0 = 1$ であり，$r = 1$ のときの

$$\mu'_1 = \sum_{i=1}^{k} x_i p_i \quad \text{または} \quad \int_{-\infty}^{+\infty} x f(x)\,\mathrm{d}x \tag{3.35}$$

を分布の母平均(population mean)といい，通常 μ と書く．

また，$g(X) = (x - \mu'_1)^r$ のときの $E[(X - \mu'_1)^r]$ を平均 μ'_1 まわりの r 次の積率といい，μ_r と書く．

$$\mu_r = E[(X - \mu'_1)^r] = \sum_{i=1}^{k} (x_i - \mu'_1)^r p_i \quad \text{または} \quad \int_{-\infty}^{+\infty} (x - \mu'_1)^r f(x)\,\mathrm{d}x \tag{3.36}$$

このうち，2 次の積率

$$\mu_2 = E\big[(X - \mu_1')^2\big] = \sum_{i=1}^{k} (x_i - \mu_1')^2 p_i \quad \text{または} \quad \int_{-\infty}^{+\infty} (x - \mu_1')^2 f(x)\,\mathrm{d}x \tag{3.37}$$

は変数の平均からの偏差の平方の期待値で，これは分布の母分散(population variance)という．

また，次式で定義される θ の関数 $M_x(\theta)$ を積率母関数(moment generating function)という．

$$M_x(\theta) \equiv E\big[e^{\theta X}\big] = \sum_{i=1}^{k} e^{\theta x_i} p_i \quad \text{または} \quad \int_{-\infty}^{+\infty} e^{\theta x} f(x)\,\mathrm{d}x \tag{3.38}$$

もっと一般に，X の任意の関数 $g(X)$ に対しても積率母関数は次式のように定義される．

$$M_{g(x)}(\theta) = \sum_{i=1}^{k} e^{\theta g(x_i)} p_i \quad \text{または} \quad \int_{-\infty}^{+\infty} e^{\theta g(x)} f(x)\,\mathrm{d}x \tag{3.39}$$

c が定数のときは，次式が成り立つ．

$$M_{cg(x)} = M_{g(x)}(c\theta), \quad M_{g(x)+c} = e^{c\theta} M_{g(x)}(\theta) \tag{3.40}$$

3.2　離散分布

3.2.1　二項分布

ランダムな実験で，事象 E の起こる確率を p とすれば，$\Pr(E) = p$, $\Pr(\overline{E}) = 1 - p = q$ である．実験を一定条件のもとで独立に n 回繰り返し，事象 E が起こる回数を x とすれば，標本空間は $\{0, 1, 2, \cdots, n\}$ である．実験を n 回繰り返したとき，最初の x 回は E が起こり，残りの $(n-x)$ 回は E が起こらない確率は乗法公理により，$p^x q^{n-x}$ となる．E, $\overline{E}$ の起こる順序が変化しても，とにかく E が x 回，$\overline{E}$ が $(n-x)$ 回起こる確率は $p^x q^{n-x}$ で，そのような異なる順序の起こり方は ${}_n C_r = \binom{n}{x} = \dfrac{n!}{r!(n-r)!}$ 通りあるので，n 回の実験でちょうど E が x 回起こる確率は $\binom{n}{x} p^x q^{n-x}$ となる．したがって，標本点 x に対する確率は次式のようになる．

$$f(x) = \binom{n}{x} p^x q^{n-x} = \binom{n}{x} p^x (1-p)^{n-x} \qquad (0 \leq x \leq n) \tag{3.41}$$

それぞれの $f(x)$ は $(p+q)^n$ の二項展開式における各項に対応するので，この確率分布を二項分布(binominal distribution)という．この分布の母数は n, p の二つで，これを指定することにより二項分布は決まる．

例題 3.9 二項分布関数 $\Pr(x) = \binom{n}{x} p^x q^{n-x}$ の平均 $E[X]$ と分散 $V[X]$ を求めよ.

解
$$E[X] = \sum x \Pr(x) = \sum x \binom{n}{x} p^x (1-p)^{n-x}$$
$$= \sum \frac{n!}{(x-1)!(n-x)!} p^x (1-p)^{n-x}$$
$$= np \sum \frac{(n-1)!}{(x-1)!(n-x)!} p^{x-1} (1-p)^{n-x}$$

いま, $n-1 = N$, $x-1 = X$ とおくと, $E[X] = np \left\{ \sum \frac{N!}{X!(N-X)!} p^X (1-p)^{N-X} \right\}$ の $\{\ \}$ の中は二項分布の確率の和であるから 1 である. ゆえに, 次式のようになる.

$$E[X] = np$$
$$V[X] = E[X^2] - \left(E[X]\right)^2$$
$$= \sum x^2 \Pr(x) - (np)^2$$
$$= \sum x(x-1) \Pr(x) + \sum x \Pr(x) - (np)^2$$
$$= \sum x(x-1) \binom{n}{x} p^x (1-p)^{n-x} + np - (np)^2$$
$$= n(n-1)p^2 \sum \frac{(n-2)!}{(x-2)!(n-x)!} p^{x-2} (1-p)^{n-x} + np - (np)^2$$
$$= np(1-p)$$

例題 3.10 ある商品は 10％の不良品を含んでいる. この中から無作為に 5 個の商品を抽出したとき 3 個以上が不良品である確率を求めよ.

解 不良品の数を x とおくと, 二項分布から次式のようになる.

$$\Pr[x \geq 3] = \Pr[x=3] + \Pr[x=4] + \Pr[x=5]$$
$$= \binom{5}{3} \left(\frac{1}{10}\right)^3 \left(\frac{9}{10}\right)^2 + \binom{5}{4} \left(\frac{1}{10}\right)^4 \left(\frac{9}{10}\right) + \binom{5}{5} \left(\frac{1}{10}\right)^5 \left(\frac{9}{10}\right)^0$$
$$= 0.00856$$

例題 3.11 二項分布 $\Pr(x) = \binom{n}{x} p^x (1-p)^{n-x}$ $(x = 0, 1, 2, 3, \cdots, n)(p+q=1)$ の積率母関数を求め, 平均と分散を求めよ.

解 積率母関数は次式のようになる.

$$M_x(\theta) = \sum_{x=0}^{n} e^{\theta x} \binom{n}{x} p^x q^{n-x} = \sum_{x=0}^{n} \binom{n}{x} (e^\theta p)^x q^{n-x} = (q + pe^\theta)^n \qquad ①$$

式①を 1 階微分して $\theta = 0$ とし, 平均 $E[X]$ を求めると,

$$E[X] = \left. \frac{\partial M_x(\theta)}{\partial \theta} \right|_{\theta=0} = \left[n\left(q + pe^\theta\right)^{n-1} pe^\theta \right]_{\theta=0} = np \qquad ②$$

となり, 2 階微分して $\theta = 0$ とし, $E[X^2]$ を求めると, 次式のようになる.

$$\left.\frac{\partial M_x^2(\theta)}{\partial \theta^2}\right|_{\theta=0} = \left[n(n-1)(q+pe^\theta)^{n-2}p^2e^{2\theta} + n(q+pe^\theta)^{n-1}pe^\theta\right]_{\theta=0}$$
$$= n(n-1)p^2 + np \qquad \text{③}$$

式②，③より分散は次式のようになる．

分散　$V[X] = E[X^2] - \big(E[X]\big)^2 = n(n-1)p^2 + np - (np)^2 = np(1-p)$
$$= npq$$

例題 3.12　離散型一様分布の確率分布関数は次式で表される．

$$\Pr(x) = \frac{1}{n+1} \qquad (x = 0, 1, 2, \cdots, n)$$
$$\Pr(x) = 0 \qquad\qquad (x < 0 \quad \text{または} \quad x > n)$$

離散型一様分布の平均と分散を求めよ．

解　平均 $E[X]$ と分散 $V[X]$ は，次式のようになる．

$$E[X] = \sum_{x=0}^{n} x\Pr(x) = \sum_{x=0}^{n} x\frac{1}{n+1} = \left(\frac{1}{n+1}\right)\left\{\frac{n(n+1)}{2}\right\} = \frac{n}{2}$$
$$V[X] = E[X^2] - \big(E[X]\big)^2 = \sum_{x=0}^{n} x^2\left(\frac{1}{n+1}\right) - \left(\frac{n}{2}\right)^2$$
$$= \left(\frac{1}{n+1}\right)\left\{\frac{n(n+1)(2n+1)}{6}\right\} - \frac{n^2}{4}$$
$$= \frac{n(2n+1)}{6} - \frac{n^2}{4} = \frac{n^2}{12} + \frac{n}{6}$$

3.2.2　ポアソン分布

二項分布 $f(x) = \binom{n}{x} p^x(1-p)^{n-x}$ において，$np = \mu$ を一定に保って $n \to \infty$ としたときの極限確率分布を考える．たとえば，平均して μ 個のキズをもつ一定面積の金属表面を多数の n 個の等面積に分け，各小面積には一つしかキズがない程度にして，キズの発生は独立，各小面積にキズのある確率は $p = \mu/n$ であるという場合を考えると，一定面積に x 個のキズがある確率は，

$$\binom{n}{x} p^x(1-p)^{n-x} = \binom{n}{x}\left(\frac{\mu}{n}\right)^x\left(1-\frac{\mu}{n}\right)^{n-x}$$
$$= \frac{n(n-1)\cdots(n-x+1)}{nn\cdots n}\frac{\mu^x}{x!}\left(1-\frac{\mu}{n}\right)^n\left(1-\frac{\mu}{n}\right)^{-x}$$
$$= \prod_{i=1}^{x-1}\left(1-\frac{i}{n}\right)\frac{\mu^x}{x!}\left\{\left(1-\frac{\mu}{n}\right)^{-n/\mu}\right\}^{-\mu} \qquad (3.42)$$

であるから，$n \to \infty$ の極限では，

$$f(x) = e^{-\mu}\frac{\mu^x}{x!} \qquad (x = 0, 1, 2, \cdots) \tag{3.43}$$

となる．これを母数 μ のポアソン分布（Poisson distribution）という．この分布はその起こることが比較的まれであるが，平均すれば独立に一定回数起こる事象に対するモデルとして有用なばかりでなく，n が十分大きいときの二項分布の近似分布とみなされる．

式 (3.43) が確率密度関数の性質をもつことは，$f(x) > 0$ および $\sum_{x=0}^{\infty} f(x) = 1$ を満たすことから明らかである．このポアソン分布の積率母関数は，

$$M_x(\theta) = E\left[e^{\theta X}\right] = \sum_{x=0}^{\infty} e^{\theta x}\frac{\mu^x e^{-\mu}}{x!} = e^{-\mu}\sum_{x=0}^{\infty}\frac{(\mu e^{\theta})^x}{x!}$$
$$= e^{-\mu}\exp(\mu e^{\theta}) = \exp\left\{\mu(e^{\theta} - 1)\right\} \tag{3.44}$$

となり，1 次，2 次の積率は，

$$\mu_1' = \left.\frac{\mathrm{d}M_x(\theta)}{\mathrm{d}\theta}\right|_{\theta=0} = \left[\mu e^{\theta}\exp\left\{\mu(e^{\theta} - 1)\right\}\right]_{\theta=0} = \mu$$
$$\mu_2' = \left.\frac{\mathrm{d}^2 M_x(\theta)}{\mathrm{d}\theta^2}\right|_{\theta=0} = \mu + \mu^2, \quad \mu_2 = \mu_2' - (\mu_1')^2 = \mu$$

であるから，ポアソン分布の平均と分散はいずれも母数 μ に等しい．

$$E[X] = \mu, \quad V[X] = \mu \tag{3.45}$$

例題 3.13 ある地域のある規模以上の地震発生回数は年に平均 5 回で，この発生回数がポアソン分布に従うとき，年に 1 回も発生しない確率を求めよ．

解 $\Pr[x = 0] = \dfrac{e^{-5}}{0!}\cdot 5^0 = e^{-5} = 0.007$

例題 3.14 ある電球は平均 10000 時間で故障することが統計上知られている．この電球を 3000 時間使用して故障しない確率を求めよ．故障の回数はポアソン分布に従うとする．

解 平均 $\lambda = \dfrac{3000}{10000} = 0.3$

$\Pr[x = 0] = \dfrac{e^{-0.3}}{0!}(0.3)^0 = e^{-0.3} = 0.74$

3.2.3 幾何分布

事象 E の起こる確率が p，起こらない確率が $q = 1 - p$ であるとき，繰り返し実験をして，最初から数えてはじめて E の起こるまでの回数を表す確率変数 X を考える．

$\Pr[X=k]$ は，最初から $(k-1)$ 回は引き続いて E が起こらず，k 回目にはじめて E が起こる確率であるので，

$$\Pr[X=k] = q^{k-1}p \qquad (k=1,2,\cdots) \tag{3.46}$$

である．したがって，X の確率分布関数 $F(X)$ は，

$$F(x) = \begin{cases} 0 & (x < 1) \\ \displaystyle\sum_{i=1}^{[x]} q^{i-1}p & (x \geq 1) \end{cases} \tag{3.47}$$

で与えられる．ここで，$[x]$ は x を超えない最大の整数を表し，$[x]=k$ とすれば，$F(x)$ は幾何級数の和の形で

$$F(x) = p + qp + \cdots + q^{k-1}p = 1 - q^k, \quad \lim_{k\to\infty} F(x) = 1 \tag{3.48}$$

である．この分布を幾何分布(geometric distribution)という．

幾何分布の 1 次，2 次の積率は次式のようになる．

$$\begin{aligned} E[X] &= p\sum_{x=1}^{\infty} xq^{x-1} = p\frac{\mathrm{d}}{\mathrm{d}q}\left(\sum_{x=1}^{\infty} q^x\right) \\ &= p\frac{\mathrm{d}}{\mathrm{d}q}\left(\frac{1}{1-q}\right) = \frac{p}{(1-q)^2} = \frac{1}{p} \end{aligned} \tag{3.49}$$

$$\begin{aligned} E[X^2] &= p\sum_{x=1}^{\infty} x^2 q^{x-1} = p\sum_{x=1}^{\infty} x(x-1)q^{x-1} + p\sum_{x=1}^{\infty} xq^{x-1} \\ &= pq\frac{\mathrm{d}^2}{\mathrm{d}q^2}\left(\sum_{x=1}^{\infty} q^x\right) + E[X] \\ &= pq\frac{2}{(1-q)^3} + \frac{1}{p} = \frac{2q}{p^2} + \frac{1}{p} \end{aligned} \tag{3.50}$$

したがって，平均は $E[X]=1/p$，分散は $V(X) = E[X^2] - \left(E[X]\right)^2 = \dfrac{q}{p^2}$ となる．

3.2.4　負の二項分布

二項分布と密接な関係をもつ分布の一つに負の二項分布(negative binominal distribution)がある．実験の結果，E の起こる確率が p，起こらない確率が $q=1-p$ であるとき，この実験を繰り返して E が k 回起こるまでに必要な実験回数 X を考えれば，これは確率変数で，最初の $x-1$ 回の実験で E が $k-1$ 回，$\overline{E}$ が $(x-1)-(k-1)=x-k$ 回起こって，その次の x 回目にまた E が起こる確率は

$\dbinom{x-1}{k-1} p^{k-1} q^{(x-1)-(k-1)} p = \dbinom{x-1}{x-k} p^k q^{x-k}$ であるので，次式のようになる．

$$\Pr[X = x] = f(x) = \binom{x-1}{x-k} p^k q^{x-k} \qquad (x \geq k) \tag{3.51}$$

二項係数の性質

$$\binom{-r}{x} = \frac{(-r)(-r-1)\cdots(-r-x+1)}{x!}$$

$$= (-1)^x \frac{r(r+1)\cdots(r+x-1)}{x!}$$

$$= (-1)^x \binom{r+x-1}{x}$$

を使えば，$\dbinom{-k}{x-k} = (-1)^{x-k} \dbinom{k+x-k-1}{x-k} = (-1)^{x-k} \dbinom{x-1}{x-k}$ であるから，

$$\sum_{x=k}^{\infty} f(x) = \sum_{x=k}^{\infty} \binom{x-1}{x-k} p^k q^{x-k} = p^k \sum_{x=k}^{\infty} (-1)^{x-k} \binom{-k}{x-k} q^{x-k}$$

$$= p^k \sum_{t=0}^{\infty} \binom{-k}{t} (-q)^t = p^k (1-q)^{-k} = p^k p^{-k} = 1$$

である．この性質と $f(x) \geq 0$ とで，

$$f(x) = \binom{x-1}{x-k} p^k q^{x-k} = \binom{-k}{x-k} p^k (-q)^{x-k} \qquad (x \geq k) \tag{3.52}$$

が確率分布を与えることがわかる．これを負の二項分布という．とくに $k=1$ のときは幾何分布となる．負の二項分布は，第 x 番目の E の実現までの待機時間の分布を与えるとも解釈できる．

3.2.5 超幾何分布

同一工程で作られた N 個の製品中に，M 個の不良品，$N-M$ 個の良品が含まれている場合，それからランダムに r 個を取り出したとき，その r 個中にちょうど x 個の不良品が含まれる確率 $\Pr[X = x] = f(x)$ を求める．M と r との小さいほうを $\min(M, r)$ と書けば，$0 \leq x \leq \min(M, r)$ である．

r 個中にちょうど x 個の不良品を含むから，残り $(r-x)$ 個は良品である．したがって，M 個の不良品から x 個の不良品が取り出される場合の数 $\dbinom{M}{x}$ と，$(N-M)$ 個の良品から $(r-x)$ 個の良品が取り出される場合の数 $\dbinom{N-M}{r-x}$ とを掛け合わせたものが，ちょうど x 個の不良品が r 個中に含まれるすべての場合の数になる．ま

た N 個から r 個を取り出す方法の数は $\binom{N}{r}$ で，考えられる標本空間は $\binom{N}{r}$ 個の標本点からなり，いま問題にしている事象はそのうち $\binom{M}{x}\binom{N-M}{r-x}$ 個の標本点に対応するので，

$$f(x) = \frac{\binom{M}{x}\binom{N-M}{r-x}}{\binom{N}{r}} \qquad (0 \leq x \leq \min(M,r)) \tag{3.53}$$

が得られる．これを超幾何分布（hypergeometric distribution）という．

二項分布との違いがあるのは，N 個から r 個取り出すとき，一つとったらこれを元へ戻して，いつも N 個のうちから 1 個取り出すという復元操作に対しては二項分布が現れ，取り出したものを元へ戻さないで（非復元）r 個とるときには超幾何分布が現れる点にある．

超幾何分布の確率関数は次式のように書くことができる．

$$\begin{aligned}
f(x) &= \frac{M!}{x!(M-x)!}\frac{(N-M)!}{(r-x)!(N-M-r+x)!}\frac{r!(N-r)!}{N!} \\
&= \frac{r!}{x!(r-x)!}\frac{M(M-1)\cdots(M-x+1)}{N(N-1)\cdots(N-x+1)} \\
&\quad \cdot \frac{(N-M)(N-M-1)\cdots(N-M-r+x+1)}{(N-x)(N-x-1)\cdots(N-r+1)} \\
&= \binom{r}{x}\prod_{i=0}^{x-1}\frac{M-i}{N-i}\prod_{j=0}^{r-1-x}\left(1-\frac{M-x}{N-x-j}\right)
\end{aligned} \tag{3.54}$$

例題 3.15　ある 50 世帯のうち 20 世帯がある商品を所有している．この中からランダムに 5 世帯抽出したとき 3 世帯がこの商品を所有している確率を求めよ．

解　x を所有世帯数とすると，超幾何分布から次式のようになる．

$$\Pr[x=3] = \frac{\binom{20}{3}\binom{30}{2}}{\binom{50}{5}} = \frac{\dfrac{20!}{3!17!}\dfrac{30!}{2!28!}}{\dfrac{50!}{5!45!}} = 0.234$$

例題 3.16　超幾何分布 $\Pr(x) = \dfrac{\binom{Np}{x}\binom{N-Np}{n-x}}{\binom{N}{n}}$ において，次式が成り立つことを示せ．

(1) 全確率 $\sum \mathrm{Pr}(x) = 1$

(2) 平均 $E[X] = np$

(3) 分散 $V[X] = \dfrac{N-n}{N-1} np(1-p)$

解　(1)

$$\sum \mathrm{Pr}(x) = \sum \frac{\dbinom{Np}{x} \dbinom{N-Np}{n-x}}{\dbinom{N}{n}}$$

分子の $\sum \dbinom{Np}{x} \dbinom{N-Np}{n-x}$ は, $(1+b)^{Np}(1+b)^{N-Np} = (1+b)^N$ の $b^x \times b^{n-x} = b^n$ の係数に等しい. なぜなら,

$$(1+b)^{Np} = 1 + \binom{Np}{1} b + \binom{Np}{2} b^2 + \cdots + \binom{Np}{x} b^x + \cdots + b^{Np} \qquad ①$$

$$(1+b)^{N-Np} = 1 + \binom{N-Np}{1} b + \binom{N-Np}{2} b^2 + \cdots$$
$$+ \binom{N-Np}{n-x} b^{n-x} + \cdots + b^{N-Np} \qquad ②$$

となるからである.

式①, ②より b^x, b^{n-x} の係数は $\dbinom{Np}{x}$, $\dbinom{N-Np}{n-x}$ である. ところが,

$$(1+b)^N = 1 + \binom{N}{1} b + \binom{N}{2} b^2 + \cdots + \binom{N}{n} b^n + \cdots + b^N \qquad ③$$

であるから, b^x, b^{n-x}, b^n の係数の関係は $\sum \dbinom{Np}{x} \dbinom{N-Np}{n-x} = \dbinom{N}{n}$ となる. ゆえに, $\sum \mathrm{Pr}(x) = 1$ となる.

(2)

$$E[X] = \sum x \, \mathrm{Pr}(x) = \sum x \frac{\dbinom{Np}{x} \dbinom{N-Np}{n-x}}{\dbinom{N}{n}}$$

$$= \frac{Np}{\dbinom{N}{n}} \left\{ \sum \binom{Np-1}{x-1} \binom{N-Np}{n-x} \right\}$$

{ } 内は $(1+b)^{Np-1}(1+b)^{N-Np} = (1+b)^{N-1}$ の係数に等しいから, 式③から $\dbinom{N-1}{n-1}$ に等しい. ゆえに, 次式のようになる.

$$E[X] = \frac{Np}{\dbinom{N}{n}} \binom{N-1}{n-1} = \left\{ \frac{Np \cdot n!(N-n)!}{N!} \right\} \left\{ \frac{(N-1)!}{(n-1)!(N-n)!} \right\}$$

$$= \frac{nNp}{N} = np$$

(3)
$$V[X] = E[X^2] - (E[X])^2 = \sum x^2 \Pr(x) - \left(\sum x \Pr(x)\right)^2$$

$$= \sum x(x-1)\Pr(x) + \sum x \Pr(x) - (np)^2$$

$$= \sum x(x-1)\frac{\binom{Np}{x}\binom{N-Np}{n-x}}{\binom{N}{n}} + np - (np)^2$$

$$= \frac{Np(Np-1)}{\binom{N}{n}} \sum \binom{Np-2}{x-2}\binom{N-Np}{n-x} + np - (np)^2$$

$$= \frac{Np(Np-1)}{\binom{N}{n}} \binom{N-2}{n-2} + np - (np)^2$$

$$= Np(Np-1)\frac{n(n-1)}{N(N-1)} + np - (np)^2$$

$$= \frac{N-n}{N-1}np(1-p)$$

3.3　連続分布

3.3.1　一様分布

　もっとも簡単な連続分布の例は，確率変数 X が区間 $a \le X \le b$ の間のすべての値を等しい確率でとりうるもので，このとき X は一様分布（uniform distribution）という．その確率分布関数は次式のようになる（図 3.5(a)）．

$$F(x) = \begin{cases} 0 & (x < a) \\ \dfrac{x-a}{b-a} & (a \le x \le b) \\ 1 & (b < x) \end{cases} \tag{3.55}$$

確率密度関数は次式のようになる（図 3.5(b)）．

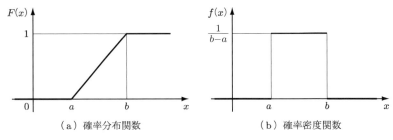

　　（a）確率分布関数　　　　　　　（b）確率密度関数

図 3.5　一様分布

$$f(x) = \begin{cases} 0 & (x < a, \quad b < x) \\ \dfrac{1}{b-a} & (a \leq x \leq b) \end{cases} \tag{3.56}$$

例題 3.17　確率密度関数が式 (3.56) で表される一様分布の平均と分散を求めよ.

解　$E[X] = \displaystyle\int_a^b x f(x)\,\mathrm{d}x = \dfrac{1}{b-a}\int_a^b x\,\mathrm{d}x = \dfrac{b+a}{2}$

$V[X] = E[X^2] - (E[X])^2 = \dfrac{1}{b-a}\displaystyle\int_a^b x^2\,\mathrm{d}x - \left(\dfrac{b+a}{2}\right)^2 = \dfrac{(b-a)^2}{12}$

3.3.2　指数分布

　ある品物の寿命の分布が問題となることがある. 偶発的に発生する故障は, 何らかの原因によって突発的に起こるもので, それまでの使用時間 t に無関係で, $(t, t+\Delta t)$ の間に故障する確率が $\lambda \Delta t$ (λ は正の定数)である.

　いま, 寿命を表す確率変数を T として, 時刻 t までに故障する確率を $F(t)$ とすれば, 故障しない確率は $1 - F(t)$, 次の Δt の間に故障する確率は $\lambda \Delta t$ であるので, $(t, t+\Delta t)$ ではじめて故障する確率は,

$$f(t)\Delta t = (1 - F(t))\lambda \Delta t \quad \text{あるいは} \quad (1 - F(t))\lambda = F'(t) \tag{3.57}$$

となり, したがって,

$$\log(1 - F(t)) = -\lambda t + c \quad (c：定数)$$

となる. $t = 0$ のとき $F(0) = 0$ であるので, $c = 0$ となり, 確率分布関数は次式のようになる.

$$F(t) = \begin{cases} 1 - e^{-\lambda t} & (t \geq 0) \\ 0 & (t < 0) \end{cases} \tag{3.58}$$

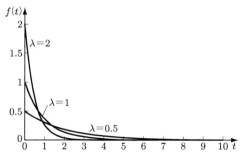

図 3.6　指数分布の確率密度関数の例

確率密度関数は次式のようになる.

$$f(t) = F'(t) = \begin{cases} \lambda e^{-\lambda t} & (t \geq 0) \\ 0 & (t < 0) \end{cases} \tag{3.59}$$

これを指数分布(exponential distribution)という. 指数分布の確率密度関数の例を図 3.6 に示す.

例題 3.18　次の確率密度関数 $f(x)$, 確率分布関数 $F(x)$ をもつのは指数分布である. 平均と分散を求めよ.

$$f(x) = \begin{cases} \dfrac{1}{\mu} e^{-x/\mu} & (0 \leq x < \infty) \\ 0 & (x < 0) \end{cases}$$

$$F(x) = \begin{cases} 1 - e^{-x/\mu} & (0 \leq x < \infty) \\ 0 & (x < 0) \end{cases}$$

解
$$E[X] = \int_0^\infty x f(x)\, dx = \frac{1}{\mu} \int_0^\infty x e^{-x/\mu}\, dx = \left[x \left(-e^{-x/\mu} \right) \right]_0^\infty + \int_0^\infty e^{-x/\mu}\, dx$$
$$= \left[-x e^{-x/\mu} \right]_0^\infty + \mu \left[-e^{-x/\mu} \right]_0^\infty = \mu$$
$$V[X] = E[X^2] - (E[X])^2 = \int_0^\infty x^2 f(x)\, dx - \mu^2 = \frac{1}{\mu} \int_0^\infty x^2 e^{-x/\mu}\, dx - \mu^2$$
$$= \left[x^2 \left(-e^{-x/\mu} \right) \right]_0^\infty + 2 \int_0^\infty x e^{-x/\mu}\, dx - \mu^2 = 2\mu^2 - \mu^2 = \mu^2$$

例題 3.19　ある橋梁に大型車が 1 時間に平均 10 台到達し, その時間間隔分布はおおよそ指数分布に従っていることが知られている. この指数分布の確率密度関数 $f(x)$ および平均 $E[X]$, 標準偏差 $\sigma(X)$ を求めよ.

解　大型車の時間間隔の平均は, $E[X] = 1/10$ 時間である. よって, $f(x) = 10 e^{-10x}$ $(x \geq 0)$, $f(x) = 0$ $(x < 0)$ である. 例題 3.18 より, $\sigma(X) = \sqrt{V[X]} = 1/10$ となる.

例題 3.20　指数分布 $f(x) = \lambda e^{-\lambda x}$ $(x \geq 0)$, $f(x) = 0$ $(x < 0)$ (ただし $\lambda > 0$)の積率母関数を求め, 平均と分散を求めよ.

解
$$M_x(\theta) = E[e^{\theta x}] = \int_0^\infty e^{\theta x} f(x)\, dx = \int_0^\infty e^{\theta x} \lambda e^{-\lambda x}\, dx = \lambda \int_0^\infty e^{(\theta - \lambda)x}\, dx$$
$$= \frac{\lambda}{\lambda - \theta} \quad (\text{ただし, } \lambda > \theta)$$
上式を 1 階微分して $\theta = 0$ とおいて平均 $E[X]$ を求めると,
$$E[X] = \left. \frac{\partial M_x(\theta)}{\partial \theta} \right|_{\theta=0} = \left. \frac{\lambda}{(\lambda - \theta)^2} \right|_{\theta=0} = \frac{1}{\lambda}$$

となり，2 階微分して $\theta = 0$ とおくと，

$$\left.\frac{\partial M_x^2(\theta)}{\partial \theta^2}\right|_{\theta=0} = \left.\frac{2\lambda}{(\lambda-\theta)^3}\right|_{\theta=0} = \frac{2}{\lambda^2} = E[X^2]$$

となる．よって，分散は次式のようになる．

$$V[X] = E[X^2] - (E[X])^2 = \frac{2}{\lambda^2} - \frac{1}{\lambda^2} = \frac{1}{\lambda^2}$$

3.3.3 ガンマ分布(Γ 分布)

部品の寿命が，何回かのランダムな衝撃を受けたとき，はじめて尽きる場合がある．そのような場合に適用される分布を考える．

いま発生率 α の衝撃を λ 回$(\lambda \geq 1)$受けることで故障に至るまでの時間を T とすれば，これは確率変数で，寿命が $t < T \leq t + \Delta t$ である確率は，$(0, t)$ の間に $(\lambda - 1)$ 回衝撃を受け，$(t, t + \Delta t)$ で λ 回目の衝撃を受ける確率として，ポアソン分布を使うと，

$$\Pr[t < T \leq t + \Delta t] = \frac{(\alpha t)^{\lambda-1} e^{-\alpha t}}{(\lambda-1)!} \alpha \Delta t = \frac{\alpha^\lambda t^{\lambda-1} e^{-\alpha t}}{\Gamma(\lambda)} \Delta t \tag{3.60}$$

すなわち，T の確率密度関数は

$$f(t) = \frac{\alpha^\lambda}{\Gamma(\lambda)} t^{\lambda-1} e^{-\alpha t} \tag{3.61}$$

となり，これをガンマ分布(Gamma distribution)という．とくに，$\lambda = 1$，すなわち，ただ 1 回の衝撃で故障する場合は $f(t) = \alpha e^{-\alpha t}$ となり，指数分布にほかならない．図 3.7 にガンマ分布の確率密度関数の例を示す．

なお，ガンマ関数 Γ は次式で定義される．

$$\Gamma(n+1) = \int_0^\infty x^n e^{-x}\, \mathrm{d}x = \int_0^\infty e^{-x+n\log x}\, \mathrm{d}x \tag{3.62}$$

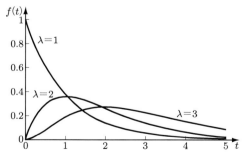

図 3.7　ガンマ分布の確率密度関数の例

また，ガンマ関数には次の性質がある．

$$\Gamma(n+1) = n\Gamma(n) = n(n-1)\Gamma(n-1) = \cdots \tag{3.63}$$

とくに，n が正の整数ならば次式が成り立つ．

$$\Gamma(n) = (n-1)! \tag{3.64}$$

例題 3.21　ガンマ分布の確率密度関数 $f(x)$ は次式で表される．

$$f(x) = \frac{\alpha^\lambda}{\Gamma(\lambda)} x^{\lambda-1} e^{-\alpha x} \quad (\lambda > 0,\ \alpha > 0,\ 0 \le x < \infty)$$

この分布の積率母関数を求め，平均と分散も求めよ．

解　積率母関数は，

$$M_x(\theta) = E[e^{\theta x}] = \int_0^\infty \frac{\alpha^\lambda}{\Gamma(\lambda)} x^{\lambda-1} e^{-(\alpha-\theta)x}\, \mathrm{d}x \qquad ①$$

$(\alpha-\theta)x = u$ とおくと，$x = \dfrac{u}{\alpha-\theta}$，$\mathrm{d}x = \dfrac{\mathrm{d}u}{\alpha-\theta}$ となり，これらを式①に代入すると，

$$M_x(\theta) = \frac{\alpha^\lambda}{\Gamma(\lambda)} \int_0^\infty \left(\frac{u}{\alpha-\theta}\right)^{\lambda-1} e^{-u} \frac{\mathrm{d}u}{\alpha-\theta} = \frac{\alpha^\lambda}{\Gamma(\lambda)(\alpha-\theta)^\lambda} \int_0^\infty u^{\lambda-1} e^{-u}\, \mathrm{d}u$$

$$= \frac{\alpha^\lambda}{(\alpha-\theta)^\alpha} = \left(1 - \frac{\theta}{\alpha}\right)^{-\lambda}$$

となり，平均は，

$$E[X] = \left.\frac{\partial M_x(\theta)}{\partial \theta}\right|_{\theta=0} = \left.-\lambda\left(1-\frac{\theta}{\alpha}\right)^{-\lambda-1}\left(-\frac{1}{\alpha}\right)\right|_{\theta=0} = \left.\frac{\lambda}{\alpha}\left(1-\frac{\theta}{\alpha}\right)^{-\lambda-1}\right|_{\theta=0}$$

$$= \frac{\lambda}{\alpha}$$

となる．

$$E[X^2] = \left.\frac{\partial^2 M_x(\theta)}{\partial \theta^2}\right|_{\theta=0} = \left.-(\lambda+1)\frac{\lambda}{\alpha}\left(1-\frac{\theta}{\alpha}\right)^{-\lambda-2}\left(-\frac{1}{\alpha}\right)\right|_{\theta=0} = (\lambda+1)\frac{\lambda}{\alpha^2}$$

となるので，分散は次式のようになる．

$$V[X] = E[X^2] - (E[X])^2 = (\lambda+1)\frac{\lambda}{\alpha^2} - \left(\frac{\lambda}{\alpha}\right)^2 = \frac{\lambda}{\alpha^2}$$

例題 3.22　ガンマ関数 $\Gamma(x) = \displaystyle\int_0^\infty u^{x-1} e^{-u}\, \mathrm{d}u$（ただし，$x > 0$）において，次式が成立することを示せ．

(1) $x > 1$ のとき，$\Gamma(x) = (x-1)\Gamma(x-1)$

(2) x が正整数のとき，$\Gamma(x) = (x-1)!$

(3) $\Gamma\left(\dfrac{1}{2}\right) = 2\displaystyle\int_0^\infty e^{-u^2}\, \mathrm{d}u = \sqrt{\pi}$

解 (1)　$\Gamma(x) = \left[-e^{-u}u^{x-1} \right]_0^\infty + (x-1)\int_0^\infty e^{-u}u^{x-2}\,\mathrm{d}u$

$\displaystyle\lim_{u\to\infty} e^{-u}u^{x-1} = 0 \quad (x > 1)$ であるから，$\Gamma(x) = (x-1)\Gamma(x-1)$ となる．

(2)　$\Gamma(x) = (x-1)\Gamma(x-1) = (x-1)(x-2)\Gamma(x-2)$

$\qquad = (x-1)(x-2)\cdots 2\cdot 1\cdot\Gamma(1) = (x-1)!\int_0^\infty e^{-u}\,\mathrm{d}u$

$\qquad = (x-1)!\left[-e^{-u} \right]_0^\infty = (x-1)!$

(3)　$\Gamma\left(\dfrac{1}{2}\right) = \displaystyle\int_0^\infty u^{1/2-1}e^{-u}\,\mathrm{d}u = \int_0^\infty \dfrac{e^{-u}}{\sqrt{u}}\,\mathrm{d}u$

$u = t^2$ とおくと $\mathrm{d}u = 2t\,\mathrm{d}t$ となるので，ガウス積分を用いて次式のようになる．

$\qquad \Gamma\left(\dfrac{1}{2}\right) = \displaystyle\int_0^\infty \dfrac{e^{-t^2}}{t}2t\,\mathrm{d}t = 2\int_0^\infty e^{-t^2}\,\mathrm{d}t = \sqrt{\pi}$

例題 3.23　X が確率変数のときに確率密度関数 $f(x)$ が次式で表される分布を β 分布という（図 3.8 参照）．

$$f(x) = \frac{1}{\beta(a+1,b+1)}x^a(1-x)^b \qquad (\text{ただし，}\ 0 \leq x \leq 1)$$

ここで，$\beta(a+1,b+1)$ は β 関数で次式で表される．

$$\beta(a+1,b+1) = \int_0^1 x^a(1-x)^b\,\mathrm{d}x$$

β 分布の平均 $E[X]$ と分散 $V[X]$ を求めよ．

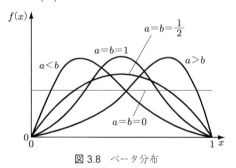

図 3.8　ベータ分布

解　$\beta(a,b) = \dfrac{\Gamma(a)\Gamma(b)}{\Gamma(a+b)}$ の公式を用いると，

$E[X] = \displaystyle\int_0^1 xf(x)\,\mathrm{d}x = \frac{1}{\beta(a+1,b+1)}\int_0^1 x^{a+1}(1-x)^b\,\mathrm{d}x$

$\qquad = \dfrac{\beta(a+2,b+1)}{\beta(a+1,b+1)} = \left\{ \dfrac{\Gamma(a+2)\Gamma(b+1)}{\Gamma(a+b+3)} \right\}\left\{ \dfrac{\Gamma(a+b+2)}{\Gamma(a+1)\Gamma(b+1)} \right\}$

$\qquad = \left\{ \dfrac{(a+1)\Gamma(a+1)\Gamma(b+1)}{(a+b+2)\Gamma(a+b+2)} \right\}\left\{ \dfrac{\Gamma(a+b+2)}{\Gamma(a+1)\Gamma(b+1)} \right\} = \dfrac{a+1}{a+b+2}$

$$V[X] = E[X^2] - (E[X])^2 = \int_0^1 x^2 f(x)\, dx - (E[X])^2$$

$$= \frac{1}{\beta(a+1, b+1)} \int_0^1 x^{a+2}(1-x)^b\, dx - (E[X])^2$$

$$= \frac{\beta(a+3, b+1)}{\beta(a+1, b+1)} - \left(\frac{a+1}{a+b+2} \right)^2$$

$$= \left\{ \frac{\Gamma(a+3)\Gamma(b+1)}{\Gamma(a+b+4)} \right\} \left\{ \frac{\Gamma(a+b+2)}{\Gamma(a+1)\Gamma(b+1)} \right\} - \left(\frac{a+1}{a+b+2} \right)^2$$

$$= \frac{(a+2)(a+1)}{(a+b+3)(a+b+2)} - \left(\frac{a+1}{a+b+2} \right)^2 = \frac{(a+1)(b+1)}{(a+b+3)(a+b+2)^2}$$

3.3.4　ワイブル分布

n 個の環からなる鎖を考える．これを力 x で引っ張る．一つの環の強さは確率変数 X で表され，その確率分布関数 $F(x) = \Pr[X \leq x]$ は，一つの環の切れる確率である．n 個の環が一つも切れずに鎖が壊れない確率は，

$$(\Pr[X > x])^n = (1 - \Pr[X \leq x])^n = (1 - F(x))^n \tag{3.65}$$

であるから，$1 - F(x) = \exp(-\phi(x))$ とおけば，鎖が壊れない確率は，

$$(1 - F(x))^n = \exp(-n\phi(x)) \tag{3.66}$$

で与えられる．ここで，$F(x)$ が単調増加関数であるから，$\phi(x)$ も単調増加であることと $F(x) \leq 1$ とを考え，$\phi(x)$ の簡単な形として $(x-\gamma)^m/\alpha$ をとれば，

$$F(x) = 1 - \exp\left\{ -\frac{(x-\gamma)^m}{\alpha} \right\} \tag{3.67}$$

$$f(x) = F'(x) = \begin{cases} m\alpha^{-1}(x-\gamma)^{m-1} \exp\left\{ -\dfrac{(x-\gamma)^m}{\alpha} \right\} & (x \geq \gamma) \\ 0 & (x < \gamma) \end{cases} \tag{3.68}$$

となる．これをワイブル分布 (Weibull distribution) という．α を尺度パラメータ (scale parameter)，m を形のパラメータ (shape parameter)，γ を位置パラメータ (location parameter) という．また，$m = 1$ のときは指数分布になる．図 3.9 にワイブル分布を示す．

$\gamma = 0$ としたときのワイブル分布の平均と分散は，次式のようになる．

$$\text{平均}\quad E[X] = \alpha^{1/m} \Gamma\left(\frac{1}{m} + 1 \right) \tag{3.69}$$

$$\text{分散}\quad V[X] = \alpha^{2/m} \left\{ \Gamma\left(\frac{2}{m} + 1 \right) - \Gamma^2\left(\frac{1}{m} + 1 \right) \right\} \tag{3.70}$$

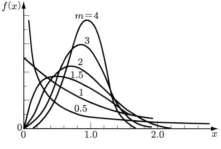

図 3.9 ワイブル分布 ($\alpha = 1, r = 0$)

ワイブル分布では，とくに次式を信頼度関数という．

$$R(t) = \int_t^\infty f(x)\,\mathrm{d}x = e^{-(t-\gamma)m/\alpha} \qquad (t \geq \gamma) \tag{3.71}$$

また，次式を故障率関数という．

$$\lambda(t) = \frac{f(t)}{1 - F(t)} = \frac{m(t-\gamma)^{m-1}}{\alpha} \qquad (t \geq \gamma) \tag{3.72}$$

$\lambda(t)$ は，$m > 1$ のときは，時間とともに増大し磨耗故障に近似し，$m < 1$ のときは，時間とともに減少するので初期故障に近似し，$m = 1$ のときは一定値で偶発故障に近似する．

例題 3.24　確率密度関数が次式で表されるワイブル分布の平均 $E[X]$ と分散 $V[X]$ を求めよ．ただし，$\gamma = 0$ とする．

$$f(x) = \begin{cases} \dfrac{m}{\alpha}(x-\gamma)^{m-1}e^{-(x-\gamma)^m/\alpha} & (x \geq \gamma) \\ 0 & (x < \gamma) \end{cases}$$

解　$E[X] = \displaystyle\int_0^\infty xf(x)\,\mathrm{d}x = \int_0^\infty x\frac{m}{\alpha}x^{m-1}e^{-x^m/\alpha}\,\mathrm{d}x$

$u = \dfrac{x^m}{\alpha}$ とおくと，$\mathrm{d}u = \dfrac{m}{\alpha}x^{m-1}\,\mathrm{d}x$，$x = (\alpha u)^{1/m}$ となるので，次式のようになる．

$$E[X] = \int_0^\infty (\alpha u)^{1/m}e^{-u}\,\mathrm{d}u = \alpha^{1/m}\int_0^\infty u^{1/m}e^{-u}\,\mathrm{d}u = \alpha^{1/m}\Gamma\left(\frac{1}{m}+1\right)$$

$$V[X] = \int_0^\infty x^2 f(x)\,\mathrm{d}x - (E[X])^2 = \int_0^\infty x^2\frac{m}{\alpha}x^{m-1}e^{-x^m/\alpha}\,\mathrm{d}x - (E[X])^2$$

$$= \int_0^\infty \alpha^{2/m}u^{2/m}e^{-u}\,\mathrm{d}u - (E[X])^2 = \alpha^{2/m}\Gamma\left(\frac{2}{m}+1\right) - \alpha^{2/m}\Gamma^2\left(\frac{1}{m}+1\right)$$

$$= \alpha^{2/m}\left\{\Gamma\left(\frac{2}{m}+1\right) - \Gamma^2\left(\frac{1}{m}+1\right)\right\}$$

3.3.5 アーラン分布

　電話の通話の長さの研究に関してアーラン(Erlang)は，次式で定義される分布の集まりを考えた．

$$f(x) = \frac{(\mu k)^k}{(k-1)!} x^{k-1} e^{-k\mu x} \qquad (k = 1, 2, \cdots) \tag{3.73}$$

これをアーラン分布(Erlang distribution)といい，すべて同じ期待値 $E[X] = 1/\mu$ をもち，最確値(モード)は $x = (k-1)/(k\mu)$ となる(図3.10参照)．また，分散は $1/(k\mu^2)$ で k が大きくなるにつれて小さくなり，$k \to \infty$ のとき 0 となる．$k = 1$ の場合は指数分布となるだけでなく，「互いに独立で平均 $1/(k\mu)$ の同じ指数分布をもつ k 個の確率変数 $X_1, X_2, \cdots, X_k$ の和は，k 次のアーラン分布に従う」という性質をもつ．

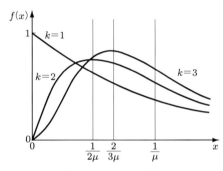

図 3.10　アーラン分布

例題 3.25　アーラン分布について $\int_0^\infty f(x)\,\mathrm{d}x = 1$ となることを示し，平均 $E[X]$ と分散 $V[X]$ を求めよ．アーラン分布の確率密度関数は $f(x) = \dfrac{(\mu k)^k}{(k-1)!} x^{k-1} e^{-k\mu x}$ $(0 \leq x < \infty)$ である．

解　
$$\int_0^\infty f(x)\,\mathrm{d}x = \int_0^\infty \frac{(\mu k)^k}{(k-1)!} x^{k-1} e^{-k\mu x}\,\mathrm{d}x \qquad ①$$

$k\mu x = u$ とおくと，次式のようになる．

$$x = \frac{u}{k\mu}, \quad \mathrm{d}x = \frac{1}{k\mu}\,\mathrm{d}u \qquad ②$$

式②を式①に代入すると，次式のようになる．

$$\frac{(k\mu)^k}{(k-1)!} \int_0^\infty \left(\frac{u}{k\mu}\right)^{k-1} e^{-u} \left(\frac{1}{k\mu}\right)\,\mathrm{d}u = \frac{1}{\Gamma(k)} \int_0^\infty u^{k-1} e^{-u}\,\mathrm{d}u = \frac{\Gamma(k)}{\Gamma(k)} = 1$$

$$③$$

平均は，次式のようになる.

$$E[X] = \int_0^\infty x f(x)\, dx = \frac{(k\mu)^k}{\Gamma(k)} \int_0^\infty x^k e^{-k\mu x}\, dx \qquad ④$$

式②を式④に代入すると，次式のようになる.

$$E[X] = \frac{(k\mu)^k}{\Gamma(k)} \int_0^\infty \left(\frac{u}{k\mu}\right)^k e^{-u} \left(\frac{1}{k\mu}\right) du = \frac{1}{\mu\Gamma(k+1)} \int_0^\infty u^k e^{-u}\, du$$
$$= \frac{\Gamma(k+1)}{\mu\Gamma(k+1)} = \frac{1}{\mu} \qquad ⑤$$

分散は，次式のようになる.

$$V[X] = \int_0^\infty x^2 f(x)\, dx - \left(\frac{1}{\mu}\right)^2 = \int_0^\infty \frac{(\mu k)^k}{(k-1)!} x^{k+1} e^{-k\mu x}\, dx - \left(\frac{1}{\mu}\right)^2 \qquad ⑥$$

式⑥に式②を代入すると，次式のようになる.

$$V[X] = \frac{(\mu k)^k}{\Gamma(k)} \int_0^\infty \left(\frac{u}{k\mu}\right)^{k+1} e^{-u} \left(\frac{1}{\mu k}\right) du - \frac{1}{\mu^2}$$
$$= \frac{1}{k\mu^2 \Gamma(k+1)} \int_0^\infty u^{k+1} e^{-u}\, du - \frac{1}{\mu^2}$$
$$= \frac{k+1}{k\mu^2 \Gamma(k+2)} \Gamma(k+2) - \frac{1}{\mu^2} = \frac{k+1-k}{k\mu^2} = \frac{1}{k\mu^2}$$

3.3.6　正規分布

工学の分野でもっともよく知られ，またもっともよく用いられる確率分布に正規分布がある.

確率変数 X の密度関数が次式で定義されるものを正規分布（normal distribution）という.

$$f(x) = \frac{1}{\sqrt{2\pi}\sigma} \exp\left\{-\frac{(x-\mu)^2}{2\sigma^2}\right\} \qquad (\sigma > 0, -\infty < x < +\infty) \quad (3.74)$$

これは，平均 μ と分散 σ^2 の二つの母数で特徴づけられ，$N(\mu, \sigma^2)$ で表される. 正規分布は別名ガウス分布（Gaussian distribution）という. 実験では，微細な把握しにくい多数の要因が相互に影響しあって誤差となって結果に現れることが多い. このような場合，多くの回数，実験を繰り返したときデータの分布は，正規分布で近似されることが多いのも事実である. しかし，個々の生のデータのままでは正規分布と考えられないものもあるので，注意する必要がある.

正規分布の確率密度関数は $x = \mu$ に関して左右対称の形状をしており，その位置と形状を決めるパラメータは μ と σ である. 図 3.11(a) は σ を固定し，μ を変えたときの確率密度関数を描いたものであり，図 (b) は μ を固定し，σ を変えたときの確率密度関数を描いたものである.

$N(\mu, \sigma^2)$ の確率分布関数

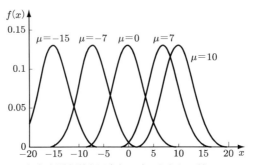

（a）標準偏差を固定($\sigma=1$)したときの種々の
平均 μ に対する確率密度関数

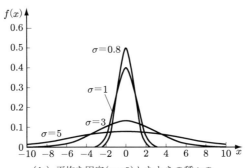

（b）平均を固定($\mu=0$)したときの種々の
標準偏差 σ に対する確率密度関数

図 3.11　正規分布の確率密度関数

$$F(x) = \Pr[X \le x] = \int_{-\infty}^{x} \frac{1}{\sqrt{2\pi}\sigma} \exp\left\{-\frac{(x-\mu)^2}{2\sigma^2}\right\} \mathrm{d}x \tag{3.75}$$

は，また，変数変換 $Z=(x-\mu)/\sigma$ により導入される新変数 Z の確率分布関数

$$\Phi(z) = \Pr[Z \le z] = \int_{-\infty}^{z} \frac{1}{\sqrt{2\pi}} \exp\left(-\frac{z^2}{2}\right) \mathrm{d}z \tag{3.76}$$

に対し，$z=(x-\mu)/\sigma$ のとき μ，σ^2 が何であっても $F(x)=\Phi(z)$ なる関係をもつ．Z の分布は $\mu=0$，$\sigma=1$ の正規分布 $N(0,1^2)$ で，これを標準正規分布(standard normal distribution)といい，その確率密度関数は次のとおりである．

$$\varphi(z) = \frac{1}{\sqrt{2\pi}} \exp\left(-\frac{z^2}{2}\right) \tag{3.77}$$

曲線 $f(x) = \dfrac{1}{\sqrt{2\pi}\sigma} \exp\left\{-\dfrac{(x-\mu)^2}{2\sigma^2}\right\}$ は，$x=\mu$ に関して対称で，$x=\mu$ で最大値 $(\sqrt{2\pi}\sigma)^{-1}$ をとり，$x=\mu\pm\sigma$ で変曲点をもち，$x\to\pm\infty$ で $f(x)\to 0$ となる(図

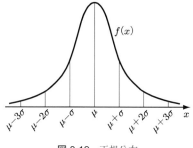

図 3.12　正規分布

3.12）．正規分布する確率変数では，X の値の 68.26% は $\mu \pm \sigma$ の範囲内，およそ 95.4% が $\mu \pm 2\sigma$，およそ 99.8% が $\mu \pm 3\sigma$ の範囲内にあり，μ から 2σ，3σ 以上離れるのはそれぞれおよそ 5.0%，0.3% 以下である．

例題 3.26　確率変数 X が正規分布 $N(\mu, \sigma^2)$ に従っているとき，$\Pr[\mu - k\sigma \leq X \leq \mu + k\sigma] = 0.95$ となる k を求めよ．

解
$$\Pr[\mu - k\sigma \leq X \leq \mu + k\sigma] = \Pr\left[-k \leq \frac{X - \mu}{\sigma} \leq k\right]$$
$$= \Pr[-k \leq u \leq k] = 0.95$$
$$\Pr[u \geq k] = \frac{1}{2}(1 - 0.95) = 0.025$$
正規分布表（付表）から $k = 1.96$．

例題 3.27　X が確率変数で正規分布 $N(\mu, \sigma^2)$ に従っているとき，その確率密度曲線の変曲点の横座標を求めよ．

解　$N(\mu, \sigma^2)$ の確率密度関数 $f(x)$ は，$f(x) = \dfrac{1}{\sigma\sqrt{2\pi}} e^{-(x-\mu)^2/(2\sigma^2)}$ であるから微分して
$$f'(x) = -\left(\frac{x-\mu}{\sigma^2}\right) \frac{1}{\sigma\sqrt{2\pi}} e^{-(x-\mu)^2/(2\sigma^2)} = -\left(\frac{x-\mu}{\sigma^2}\right) f(x)$$
となる．2階微分して変曲点を求めると，次式のようになる．
$$f''(x) = -\frac{1}{\sigma^2} f(x) + \left(\frac{x-\mu}{\sigma^2}\right)^2 f(x) = \left\{-\frac{1}{\sigma^2} + \frac{(x-\mu)^2}{\sigma^4}\right\} f(x)$$
$f(x)$ は，すべての x に対して $f(x) > 0$ となるので，$f''(x) = 0$ より $\dfrac{(x-\mu)^2}{\sigma^4} = \dfrac{1}{\sigma^2}$ であり，ゆえに，$(x-\mu)^2 = \sigma^2$ から $x = \mu \pm \sigma$ となる．

例題 3.28　確率変数 X が正規分布 $N(\mu, \sigma^2)$ に従うとき，積率母関数を求め，平均と分散を求めよ．

解　$N(\mu, \sigma^2)$ の積率母関数は定義より

$$M_x(\theta) = E[e^{\theta x}] = \int_{-\infty}^{\infty} e^{\theta x} \frac{1}{\sigma\sqrt{2\pi}} e^{-(x-\mu)^2/(2\sigma^2)} \, dx$$

$$= \frac{1}{\sigma\sqrt{2\pi}} \int_{-\infty}^{\infty} e^{-(1/(2\sigma^2))\{(x-\mu)^2 - 2\sigma^2\theta x\}} \, dx \qquad \text{①}$$

式①の { } の中は，

$$(x-\mu)^2 - 2\sigma^2\theta x = x^2 - 2x\mu + \mu^2 - 2\sigma^2\theta x$$

$$= \{x - (\mu + \sigma^2\theta)\}^2 - 2\sigma^2\mu\theta - \sigma^4\theta^2$$

であるから，

$$M_x(\theta) = \frac{1}{\sigma\sqrt{2\pi}} \int_{-\infty}^{\infty} e^{-(1/(2\sigma^2))\{x-(\mu+\sigma^2\theta)\}^2 + \mu\theta + (\sigma^2/2)\theta^2} \, dx$$

$$= e^{\mu\theta + (\sigma^2/2)\theta^2} \left(\frac{1}{\sigma\sqrt{2\pi}} \int_{-\infty}^{\infty} e^{-(1/(2\sigma^2))\{x-(\mu+\sigma^2\theta)\}^2} \, dx \right) \qquad \text{②}$$

となる．式②の { } 内は平均が $\mu + \sigma^2\theta$ の正規分布の全確率であるから 1 になる．よって，積率母関数は，次式のようになる．

$$M_x(\theta) = e^{\mu\theta + (\sigma^2/2)\theta^2} \qquad \text{③}$$

式③を微分すると，$M_x'(\theta) = (\mu + \sigma^2\theta)e^{\mu\theta + (\sigma^2/2)\theta^2}$ となる．よって，平均は次式のようになる．

$$E[X] = M_x'(0) = \mu$$

式③を 2 階微分すると，$M_x''(\theta) = \sigma^2 e^{\mu\theta + (\sigma^2/2)\theta^2} + (\mu + \sigma^2\theta)^2 e^{\mu\theta + (\sigma^2/2)\theta^2}$ となり，$E[X^2] = M_x''(0) = \sigma^2 + \mu^2$ となる．よって，分散は次式のようになる．

$$V[X] = E(X^2) - (E[X])^2 = M_x''(0) - (M_x'(0))^2 = \sigma^2$$

3.3.7　対数正規分布

確率変数 X の対数をとってできる変数 $Y = \ln X$ が正規分布に従うとき，確率変数 X は対数正規分布(logarithmic-normal distribution)に従うという．確率密度関数は次式で与えられる．

$$f(x) = \frac{1}{\sqrt{2\pi}\zeta} \frac{1}{x} \exp\left\{ -\frac{1}{2} \left(\frac{\ln x - \lambda}{\zeta} \right)^2 \right\} \qquad (x > 0) \qquad (3.78)$$

ここで，λ と ζ は確率密度関数の形状を決めるパラメータである．

対数正規分布の平均 μ と分散 σ^2 は，次式で与えられる．

$$\mu = \exp\left(\lambda + \frac{\zeta^2}{2} \right) \qquad (3.79)$$

$$\sigma^2 = e^{2\lambda}(e^{2\zeta^2} - e^{\zeta^2}) = \mu^2(e^{\zeta^2} - 1) \qquad (3.80)$$

平均 μ と分散 σ^2 が与えられれば，確率密度関数のパラメータ λ と ζ は次式のようになる．

$$\lambda = \ln \mu - \frac{\zeta^2}{2} \tag{3.81}$$

$$\zeta^2 = \ln \left\{ 1 + \left(\frac{\sigma}{\mu} \right)^2 \right\} \tag{3.82}$$

式 (3.82) からわかるように，σ^2/μ が小さいときには，パラメータ ζ が近似的に対数正規分布のばらつきを表しているとしてよい．対数正規分布の確率密度関数がパラメータ λ と ζ の値によってどう変わるかを示したのが，図 3.13 である．正規分布の確率密度関数の形状とは異なり，左右でひずんだ形状をしていること，および正の領域でのみ定義されていることが特徴である．パラメータ ζ の値によって，確率密度関数の形状は左右対称に近いものから，左右に大きくひずんだものまで，さまざまな形状をとることがわかる．対数正規分布は，風速分布や豪雨時の雨量分布など工学的に重要な物理量の変動を表現する際に幅広く用いられている．

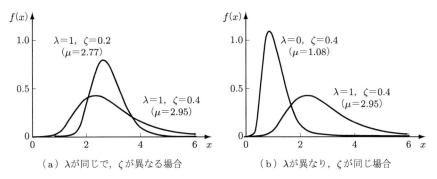

（a）λが同じで，ζが異なる場合　　（b）λが異なり，ζが同じ場合

図 3.13　対数正規分布の確率密度関数

独立な正規変数の和，差として定義される確率変数は，正規分布に従うことは知られている．対数正規分布は正規変数の指数変換によって得られる分布であるから，この性質は対数正規分布の積と商に受け継がれる．

すなわち，$X_1, X_2, \cdots, X_n$ がそれぞれパラメータ λ_i, ζ_i $(i = 1, 2, \cdots, n)$ の独立な対数正規変数とすると，これらの積で定義される確率変数 $Z = aX_1 \cdots X_n$ は対数正規分布に従い，そのパラメータ λ_Z, ζ_Z は次式で与えられる．

$$\lambda_Z = \ln a + \sum_{i=1}^{n} \lambda_i \tag{3.83}$$

$$\zeta_Z^2 = \sum_{i=1}^{n} \zeta_i^2 \tag{3.84}$$

これらの式は，$Y_i = \ln X_i$ が正規分布に従うこと，$\ln Z = \ln a + \ln X_1 + \cdots + \ln X_n$

であることから，正規分布の再生性を利用すれば容易に証明することができる.

$X_1, X_2, \cdots, X_n$ が独立で，いずれも正規分布 $N(\mu, \sigma^2)$ に従うならば，それらの平均 $(X_1 + X_2 + \cdots + X_n)/n$ は，正規分布 $N(\mu, \sigma^2/n)$ に従う性質を正規分布の再生性という.

同様に，$Z' = a/(X_1 X_2 \cdots X_n)$ と表される場合にも，Z' は対数正規分布に従い，そのパラメータ $\lambda_{Z'}$，$\zeta_{Z'}$ は以下のようになる.

$$\lambda_{Z'} = \ln a - \sum_{i=1}^{n} \lambda_i \tag{3.85}$$

$$\zeta_{Z'}^2 = \sum_{i=1}^{n} \zeta_i^2 \tag{3.86}$$

3.3.8 打ち切り分布

ランダムな実験の結果を表す確率変数 X の確率分布関数が $F(x)$ とする. この実験を繰り返した結果の系列から，たとえば $a < x \le b$ であるものだけを選び，$x \le a$ あるいは $x > b$ であるものは捨てるとする. このとき，採用されるものの確率分布関数を $F(x \mid a < x \le b)$ で表すとき，

$$F(x \mid a < x \le b) = \begin{cases} 0 & (x \le a) \\ \dfrac{F(x) - F(a)}{F(b) - F(a)} & (a < x \le b) \\ 1 & (x > b) \end{cases} \tag{3.87}$$

となる. この分布を打ち切り分布 (truncated distribution) という. $f(x) = F'(x)$ が存在するとき，この分布の確率密度関数を $f(x \mid a < x \le b)$ とすれば，次式のようになる.

$$f(x \mid a < x \le b) = \begin{cases} \dfrac{f(x)}{\int_a^b f(t)\,\mathrm{d}t} & (a < x \le b) \\ 0 & (x \le a, x > b) \end{cases} \tag{3.88}$$

3.4 多変数分布

ある実験の結果がただ一つの変数で表されるときは1変数分布でよいが，二つ以上の変数の組 $(x_1, x_2, \cdots, x_k)$ $(k \ge 2)$ で表さなければならない場合もある. このとき標本点は k 次元空間の点となり，その各点に多変数の確率関数，または確率密度関数 $f(x_1, x_2, \cdots, x_k)$ が付与されるとき，これを多変数分布という.

3.4.1 多項分布

ランダムな実験の結果が，事象 $E_1, E_2, \cdots, E_k$ で表され，互いに排反で，これ以外の場合はないとすれば，実験結果と事象の間には一意に対応がつく．各事象 E_i $(i = 1, 2, \cdots, k)$ の確率を p_i とすれば，$p_i \geq 0$，$\sum_{i=1}^{k} p_i = 1$ である．この実験を独立に n 回繰り返したとき，$E_1, E_2, \cdots, E_k$ の起こる回数をそれぞれ $x_1, x_2, \cdots, x_k$ とすれば，$\sum_{i=1}^{k} x_i = n$ を満足する非負の整数 x_i のあらゆる可能な系列 $(x_1, x_2, \cdots, x_k)$ が標本空間を形成する．

n 回の繰り返しで，最初の x_1 回は E_1，次の x_2 回は E_2，$\cdots$，最後の x_k 回は E_k が起こる確率は，$\underbrace{p_1 \cdots p_1}_{x_1 個} \underbrace{p_2 \cdots p_2}_{x_2 個} \cdots \underbrace{p_k \cdots p_k}_{x_k 個} = p_1^{x_1} p_2^{x_2} \cdots p_k^{x_k}$ である．

$E_1, E_2, \cdots, E_k$ の起こる順序が変わっても，ともかく E_1 が x_1 回，E_2 が x_2 回，$\cdots$，E_k が x_k 回起こるどの系列でも，その確率はそれぞれやはり $p_1^{x_1} p_2^{x_2} \cdots p_k^{x_k}$ に等しい．そのような起こり方の総数を $p_1^{x_1} p_2^{x_2} \cdots p_k^{x_k}$ に掛けた積が，点 $(x_1, x_2, \cdots, x_k)$ の確率 $f(x_1, x_2, \cdots, x_k)$ を与えるので，

$$f(x_1, x_2, \cdots, x_k) = \frac{n!}{x_1! x_2! \cdots x_k!} p_1^{x_1} p_2^{x_2} \cdots p_k^{x_k} \qquad \left(0 \leq x_i \leq n, \sum_{i=1}^{k} x_i = n\right) \tag{3.89}$$

となる．明らかに，$f(x_1, x_2, \cdots, x_k) \geq 0$ であり，これを可能なあらゆる $(x_1, x_2, \cdots, x_k)$ の組について加えたものは多項定理により，

$$\sum f(x_1, x_2, \cdots, x_k) = \sum \frac{n!}{x_1! x_2! \cdots x_k!} p_1^{x_1} p_2^{x_2} \cdots p_k^{x_k}$$
$$= (p_1 + p_2 + \cdots p_k) = 1 \tag{3.90}$$

となる．このためこの分布を多項分布(multinomial distribution)という．

例題 3.29 多項分布の平均と分散を求めよ．

解 変数が三つの場合について考えてみる．

いま，確率を $f(x_1, x_2, x_3)$ として，多項分布 $f(x_1, x_2, x_3) = \frac{n!}{x_1! x_2! x_3!} p_1^{x_1} p_2^{x_2} p_3^{x_3}$ のとき，x_1 の平均 $E[X_1]$ は，次式のようになる．

$$E[X_1] = \sum x_1 f(x_1, x_2, x_3) = \sum x_1 \frac{n!}{x_1! x_2! x_3!} p_1^{x_1} p_2^{x_2} p_3^{x_3}$$
$$= np_1 \sum \frac{(n-1)!}{(x_1-1)! x_2! x_3!} p_1^{x_1-1} p_2^{x_2} p_3^{x_3} = np_1$$

したがって，同様の方法により $E[X_2] = np_2$, $E[X_3] = np_3$ であり，一般的に $E[X_i] = np_i$ である．

次に，x_1 の分散 $V[X_1]$ は，

$$V[X_1] = E[X_1^2] - (E[X_1])^2 = E[X_1^2] - (np_1)^2$$

となる．ところで，

$$E[X_1^2] = \sum x_1^2 f(x_1, x_2, x_3) = \sum x_1(x_1 - 1)f(x_1, x_2, x_3) + \sum x_1 f(x_1, x_2, x_3)$$

$$= \sum x_1(x_1 - 1)\frac{n!}{x_1! x_2! x_3!} p_1^{x_1} p_2^{x_2} p_3^{x_3} + np_1$$

$$= n(n-1)p_1^2 \sum \frac{(n-2)!}{(x_1-2)! x_2! x_3!} p_1^{x_1-2} p_2^{x_2} p_3^{x_3} + np_1 = n(n-1)p_1^2 + np_1$$

となり，ゆえに，

$$V[X_1] = n(n-1)p_1^2 + np_1 - (np_1)^2 = np_1(1 - p_1)$$

となる．同様にして

$$V[X_2] = np_2(1 - p_2), \quad V[X_3] = np_3(1 - p_3)$$

となり，一般に，x_i の分散 $V[X_i]$ は，$V[X_i] = np_i(1 - p_i)$ となる．

例題 3.30　ある工場で生産された製品を調べたところ，1級品が50%，2級品が30%，3級品が20%あった．10個の製品をランダムに選び，1級品が5個，2級品が3個，3級品が2個になる確率を求めよ．

解　多項分布から次式のようになる．

$$\frac{10!}{5! 3! 2!}(0.5)^5(0.3)^3(0.2)^2 = 0.085$$

3.4.2　連続多変数分布

一つの部品について二つの性質，たとえば重さ X_1 と強度 X_2 とを測定して得られる値の対 (x_1, x_2) や，n 個の部品からなる大きさ n のサンプルについてある特性の測定値の組 $(x_1, x_2, \cdots, x_n)$ を考える場合は2変数あるいは n 変数の分布が得られる．このようなときの観測結果を表す変量を $Z = (X_1, X_2, \cdots, X_n)$ とし，n 個の任意の実数値 $x_1, x_2, \cdots, x_n$ に対して，$X_1 \leq x_1, \cdots, X_n \leq x_n$ がすべて起こる確率 $\Pr[X_1 \leq x_1, \cdots, X_n \leq x_n]$ が一意に定まるとき，この変量 $Z = (X_1, X_2, \cdots, X_n)$ は n 次元の確率変数である．その標本空間の点 $(x_1, x_2, \cdots, x_n)$ に関数

$$F(x_1, x_2, \cdots, x_n) = \Pr[X_1 \leq x_1, \cdots, X_n \leq x_n] \tag{3.91}$$

を対応させ，これを Z の確率分布関数，あるいは $X_1, X_2, \cdots, X_n$ の結合確率分布関数（joint distribution function），または同時確率分布関数（simultaneous distribution function）という．

$x_1, x_2, \cdots, x_n$ の連続な関数 $f(x_1, x_2, \cdots, x_n)$ で，

$$f(x_1, x_2, \cdots, x_n) \geq 0, \quad -\infty < x_i < +\infty \qquad (i = 1, 2, \cdots, n)$$

$$(3.92)$$

かつ，$Z = (X_1, X_2, \cdots, X_n)$ が標本空間の任意な領域 D に入る確率 $\Pr[Z \in D]$ が

$$\Pr[Z \in D] = \int \cdots \int_D f(x_1, x_2, \cdots, x_n) \, \mathrm{d}x_1 \, \mathrm{d}x_2 \cdots \mathrm{d}x_n \qquad (3.93)$$

で与えられるようなものが存在するとき，Z は連続 n 変数分布をするといい，$f(x_1, x_2, \cdots, x_n)$ を Z の確率密度関数，または $X_1, X_2, \cdots, X_n$ の結合確率密度関数あるいは同時確率密度関数という．

たとえば，2変数 X_1，X_2 の場合，$D = (a_1 < X_1 \leq b_1,\, a_2 < X_2 \leq b_2)$ とすれば，

$$\Pr[Z = (X_1, X_2) \in D] = \int_{a_1}^{b_1} \int_{a_2}^{b_2} f(x_1, x_2) \, \mathrm{d}x_1 \, \mathrm{d}x_2 \qquad (3.94)$$

となり，図3.14の曲面 $f(x_1, x_2)$ の下の体積に等しい．また，定義から次式が成り立つ．

$$F(x_1, x_2, \cdots, x_n) = \int_{-\infty}^{x_1} \cdots \int_{-\infty}^{x_2} \cdots \int_{-\infty}^{x_n} f(x_1, x_2, \cdots, x_n) \, \mathrm{d}x_1 \cdots \mathrm{d}x_n$$

$$(3.95)$$

$$f(x_1, x_2, \cdots, x_n) = \frac{\partial^n F(x_1, x_2, \cdots, x_n)}{\partial x_1 \partial x_2 \cdots \partial x_n} \geq 0 \qquad (3.96)$$

$$\int_{-\infty}^{\infty} \int_{-\infty}^{\infty} \cdots \int_{-\infty}^{\infty} f(x_1, x_2, \cdots, x_n) \, \mathrm{d}x_1 \cdots \mathrm{d}x_n = 1 \qquad (3.97)$$

これらの条件を満たす連続関数 $f(x_1, x_2, \cdots, x_n)$ は，結合確率密度関数として採用されうるものである．

一般に，2組の確率変数 $X_1, X_2, \cdots, X_n$ と $Y_1, Y_2, \cdots, Y_n$ の結合確率密度関数 $f(x_1, \cdots, x_n)$，$g(y_1, \cdots, y_n)$ の間には，次の関係がある．

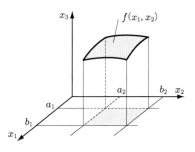

図3.14　同時確率密度関数

$$g(y_1, \cdots, y_n) = f(x_1, \cdots, x_n) \left| \frac{\partial(x_1, x_2, \cdots, x_n)}{\partial(y_1, y_2, \cdots, y_n)} \right| \tag{3.98}$$

ここで, $\partial(x_1, x_2, \cdots, x_n)/\partial(y_1, y_2, \cdots, y_n)$ は変換のヤコビアンで, $\partial x_i/\partial y_j$ $(i, j = 1, 2, \cdots, n)$ を i 行 j 列の要素とする行列式である.

3.4.3　連続分布における独立性, 条件付分布

二つの実験の結果 E_1, E_2 が確率変数 X_1, X_2 で表され, $\Pr[E_1 \cap E_2] = \Pr[x_1, x_2] = f(x_1, x_2)$ のとき, X_1 の確率密度関数 $f_1(x_1)$ は X_2 の値に関係なく X_1 の x_1 に対する確率を与えるもので, これは X_1 の周辺密度関数(marginal density function)という.

連続確率変数 (X_1, X_2) の確率密度関数が $f(x_1, x_2)$ であるとき, 変数 X_1, X_2 の周辺密度関数はそれぞれ次式で定義される.

$$f_1(x_1) = \int_{-\infty}^{\infty} f(x_1, x_2) \, dx_2 \tag{3.99}$$

$$f_2(x_2) = \int_{-\infty}^{\infty} f(x_1, x_2) \, dx_1 \tag{3.100}$$

次に, X_2 の値 x_2 が指定されたという条件のもとで, X_1 が $a_1 < X_1 \leq b_1$ という値をとる条件付確率を $\Pr[a_1 < X_1 \leq b_1 \mid X_2 = x_2]$ と書くとき,

$$\Pr[a_1 < X_1 \leq b_1 \mid X_2 = x_2] = \int_{a_1}^{b_1} f(x_1 \mid x_2) \, dx_1 \tag{3.101}$$

となる関数 $f(x_1 \mid x_2)$ を, $X_2 = x_2$ が与えられたときの X_1 の条件付密度関数(conditional density function)といい, 同様に $X_1 = x_1$ の条件のもとで $a_2 < X_2 \leq b_2$ に対して,

$$\Pr[a_2 < X_2 \leq b_2 \mid X_1 = x_1] = \int_{a_2}^{b_2} f(x_2 \mid x_1) \, dx_2 \tag{3.102}$$

という関数 $f(x_2 \mid x_1)$ を, $X_1 = x_1$ が与えられたときの X_2 の条件付密度関数といい, 次の関係式が成り立つ.

$$f(x_1|x_2) = \frac{f(x_1, x_2)}{f_2(x_2)}, \qquad f(x_2|x_1) = \frac{f(x_1, x_2)}{f_1(x_1)} \tag{3.103}$$

確率変数 X_1, X_2 の同時確率密度関数 $f(x_1, x_2)$ が X_1 の確率密度関数 $f_1(x_1)$ と X_2 の確率密度関数 $f_2(x_2)$ の積の形, すなわち

$$f(x_1, x_2) = f_1(x_1) f_2(x_2) \tag{3.104}$$

のように表される場合, 確率変数 X_1, X_2 は独立であるという.

3.4.4 多変数分布の積率

2 変数の場合を考える. (X_1, X_2) の分布が連続で結合確率密度関数が $f(x_1, x_2)$ ならば, 原点まわりの r 次の積率は, $l + m = r$ なる整数 l, m に対し次式で定義される.

$$\mu'_{lm} = E[X_1^l X_2^m] = \int_{-\infty}^{\infty} \int_{-\infty}^{\infty} x_1^l x_2^m f(x_1, x_2) \, dx_1 \, dx_2 \qquad (l + m = r) \tag{3.105}$$

とくに, $\mu'_{00} = 1$ で, $r = 1$ のときは X_1, X_2 の平均値

$$\mu_1 \equiv E[X_1] = \mu'_{10} = \int_{-\infty}^{\infty} \int_{-\infty}^{\infty} x_1 f(x_1, x_2) \, dx_1 \, dx_2$$
$$= \int_{-\infty}^{\infty} x_1 f_1(x_1) \, dx_1 \tag{3.106}$$

$$\mu_2 \equiv E[X_2] = \mu'_{01} = \int_{-\infty}^{\infty} \int_{-\infty}^{\infty} x_2 f(x_1, x_2) \, dx_1 \, dx_2$$
$$= \int_{-\infty}^{\infty} x_2 f_2(x_2) \, dx_2 \tag{3.107}$$

を与える. この平均値まわりの $r (= l + m)$ 次の積率は,

$$\mu_{lm} = E[(X_1 - \mu_1)^l (X_2 - \mu_2)^m]$$
$$= \int_{-\infty}^{\infty} \int_{-\infty}^{\infty} (x_1 - \mu_1)^l (x_2 - \mu_2)^m f(x_1, x_2) \, dx_1 \, dx_2 \tag{3.108}$$

で定義され, そのうちとくに重要なのは $r = 2$ 次の積率である. すなわち,

$$\mu_{20} = E[(X_1 - \mu_1)^2] = \int_{-\infty}^{\infty} \int_{-\infty}^{\infty} (x_1 - \mu_1)^2 f(x_1, x_2) \, dx_1 \, dx_2$$
$$= \int_{-\infty}^{\infty} (x_1 - \mu_1)^2 f_1(x_1) \, dx_1 \tag{3.109}$$

$$\mu_{02} = E[(X_2 - \mu_2)^2] = \int_{-\infty}^{\infty} \int_{-\infty}^{\infty} (x_2 - \mu_2)^2 f(x_1, x_2) \, dx_1 \, dx_2$$
$$= \int_{-\infty}^{\infty} (x_2 - \mu_2)^2 f_2(x_2) \, dx_2 \tag{3.110}$$

は, それぞれ X_1, X_2 の分散で, $\mu_{20} = \sigma_1^2$, $\mu_{02} = \sigma_2^2$ とも書く. また,

$$\mu_{11} = E[(X_1 - \mu_1)(X_2 - \mu_2)]$$
$$= \int_{-\infty}^{\infty} \int_{-\infty}^{\infty} (x_1 - \mu_1)(x_2 - \mu_2) f(x_1, x_2) \, dx_1 \, dx_2 \tag{3.111}$$

は, X_1, X_2 の共分散といい, σ_{12} とも書き,

$$\rho = \frac{\sigma_{12}}{\sigma_1 \sigma_2} = \frac{\mu_{11}}{(\mu_{20}\mu_{02})^{1/2}} \tag{3.112}$$

を X_1, X_2 の相関係数という. $-1 \leq \rho \leq 1$ で, $\rho = 0$ のときは無相関といい, X_1, X_2 が独立なときは $\rho = 0$ となるが, 逆は必ずしも真ではない.

例題 3.31 X, Y が互いに独立な確率変数で, それぞれ正規分布 $N(\mu_1, \sigma_1^2)$, $N(\mu_2, \sigma_2^2)$ に従うとき, $X + Y$ は正規分布 $N(\mu_1 + \mu_2, \sigma_1^2 + \sigma_2^2)$ に従うことを, 積率母関数を用いて示せ.

解 X, Y の積率母関数は, $M_x(\theta) = e^{\mu_1 \theta + \sigma_1^2 \theta^2/2}$, $M_y(\theta) = e^{\mu_2 \theta + \sigma_2^2 \theta^2/2}$ である. X, Y は互いに独立であるから $X + Y$ の積率母関数は,

$$M_{x+y}(\theta) = M_x(\theta)M_y(\theta) = e^{\mu_1 \theta + \sigma_1^2 \theta^2/2}e^{\mu_2 \theta + \sigma_2^2 \theta^2/2} = e^{(\mu_1+\mu_2)\theta + (\theta^2/2)(\sigma_1^2+\sigma_2^2)}$$

となる. 上式は正規分布 $N(\mu_1 + \mu_2, \sigma_1^2 + \sigma_2^2)$ に従う確率分布の積率母関数であるので, $X + Y$ はこの分布に従う.

例題 3.32 $\varphi(x)$ を x の連続関数とすると, $\varphi(x)$ の積率母関数は,

$$M_{\varphi(x)}(\theta) = E[e^{\theta\varphi(x)}] = \int_{-\infty}^{\infty} e^{\theta\varphi(x)} f(x)\,dx$$

となる. $\varphi(x) = G(x) + c$ のとき, $M_{G(x)+c}(\theta) = e^{c\theta}M_{G(x)}(\theta)$ および $\varphi(x) = cG(x)$ のとき, $M_{cG(x)}(\theta) = M_{G(x)}(c\theta)$ となることを示せ.

解
$$\begin{aligned}
M_{G(x)+c}(\theta) &= E[e^{\theta(G(x)+c)}] = \int e^{\theta(G(x)+c)} f(x)\,dx \\
&= e^{c\theta} \int e^{\theta G(x)} f(x)\,dx = e^{c\theta} M_{G(x)}(\theta) \\
M_{cG(x)}(\theta) &= \int e^{\theta(cG(x))} f(x)\,dx = M_{G(x)}(c\theta)
\end{aligned}$$

例題 3.33 確率変数 X の積率母関数を $M_x(\theta)$ とするとき, $aX + b$ (a, b は定数)の積率母関数を求めよ.

解 $M_{ax+b}(\theta) = E[e^{\theta(ax+b)}] = E[e^{a\theta x}e^{\theta b}] = e^{\theta b}E[e^{a\theta x}] = e^{b\theta}M_x(a\theta)$

3.4.5 2変数正規分布

2 変数 (X_1, X_2) の結合確率密度関数

$$\begin{aligned}
f(x_1, x_2) = \frac{1}{2\pi\sigma_1\sigma_2\sqrt{1-\rho^2}} \exp\Bigg\{ &-\frac{1}{2(1-\rho^2)}\Bigg(\left(\frac{x_1-\mu_1}{\sigma_1}\right)^2 \\
&-2\rho\frac{x_1-\mu_1}{\sigma_1}\frac{x_2-\mu_2}{\sigma_2} + \left(\frac{x_2-\mu_2}{\sigma_2}\right)^2\Bigg)\Bigg\}
\end{aligned}$$

$$(-1 < \rho < 1, \sigma_1 > 0, \sigma_2 > 0) \tag{3.113}$$

で与えられるとき，(X_1, X_2) は2変数正規分布をするという.

$f(x_1, x_2) > 0, \displaystyle\int_{-\infty}^{\infty} \int_{-\infty}^{\infty} f(x_1, x_2) \, dx_1 \, dx_2 = 1$ となるので，$f(x_1, x_2)$ は確率密度関数の条件を満たすことがわかる. この分布では，

$$f_1(x_1) = \int_{-\infty}^{\infty} f(x_1, x_2) \, dx_2 = \frac{1}{\sqrt{2\pi}\sigma_1} \exp\left\{ -\frac{1}{2} \left(\frac{x_1 - \mu_1}{\sigma_1} \right)^2 \right\} \tag{3.114}$$

$$f_2(x_2) = \int_{-\infty}^{\infty} f(x_1, x_2) \, dx_1 = \frac{1}{\sqrt{2\pi}\sigma_2} \exp\left\{ -\frac{1}{2} \left(\frac{x_2 - \mu_2}{\sigma_2} \right)^2 \right\} \tag{3.115}$$

$$E[X_1] = \int_{-\infty}^{\infty} x_1 f_1(x_1) \, dx_1 = \mu_1 \tag{3.116}$$

$$E[X_2] = \int_{-\infty}^{\infty} x_2 f_2(x_2) \, dx_2 = \mu_2 \tag{3.117}$$

$$V[X_1] = \int_{-\infty}^{\infty} (x_1 - \mu_1)^2 f_1(x_1) \, dx_1 = \sigma_1^2 \tag{3.118}$$

$$V[X_2] = \int_{-\infty}^{\infty} (x_2 - \mu_2)^2 f_2(x_2) \, dx_2 = \sigma_2^2 \tag{3.119}$$

$$\int_{-\infty}^{\infty} \int_{-\infty}^{\infty} (x_1 - \mu_1)(x_2 - \mu_2) f(x_1, x_2) \, dx_1 \, dx_2 = \rho \sigma_1 \sigma_2 \tag{3.120}$$

である.

周辺分布はいずれも1変数正規分布 $N(\mu_1, \sigma_1^2)$ または $N(\mu_2, \sigma_2^2)$ になる. ρ は X_1, X_2 の相関係数で，$\rho = 0$ のときは，

$$f(x_1, x_2) = \frac{1}{2\pi\sigma_1\sigma_2} \exp\left\{ -\frac{1}{2} \left(\frac{(x_1 - \mu_1)^2}{\sigma_1^2} + \frac{(x_2 - \mu_2)^2}{\sigma_2^2} \right) \right\} = f_1(x_1) f_2(x_2) \tag{3.121}$$

で，X_1, X_2 は互いに独立である. この逆も正しい.

$f(x_1, x_2)$ は $x_1 = \mu_1$, $x_2 = \mu_2$ で最大値をとり，(μ_1, μ_2) から遠ざかるにつれて急速に減少する.

2変数正規分布で X_1 の値を指定したときの X_2 の条件付密度関数は，次式で与えられる.

$$f(x_2 | x_1) = \frac{f(x_1, x_2)}{f_1(x_1)}$$

$$= \frac{1}{\sqrt{2\pi(1-\rho^2)}\sigma_2} \exp\left\{\frac{-1}{2(1-\rho^2)}\left(\frac{x_2 - \mu_2 - \rho\sigma_2(x_1 - \mu_1)/\sigma_1}{\sigma_2}\right)^2\right\}$$

$$(3.122)$$

これは X_2 の条件付分布が正規分布 $N(\mu_2 + \rho\sigma_2(x_1 - \mu_1)/\sigma_1, \sigma_2^2(1-\rho^2))$ に従うことを示している.

3.5　確率変数の関数の分布

3.5.1　確率変数の一次結合の分布

各確率変数の分布がどんなものであっても, それらの平均と分散が存在するときは次の定理が成り立つ(詳細な証明は省く).

- **定理**　n 個の確率変数 X_i $(i = 1, 2, \cdots, n)$ の平均を μ_i, 分散を σ_i^2, X_i と X_j $(i \neq j)$ の相関係数を ρ_{ij} とすれば, 定数 a_i $(i = 1, 2, \cdots, n)$, b に対し, 確率変数

$$X = \sum_{i=1}^{n} a_i X_i + b \tag{3.123}$$

の平均 μ は次式で与えられる.

$$\mu = E\left[\sum_{i=1}^{n} a_i X_i + b\right] = \sum_{i=1}^{n} a_i E[X_i] + b = \sum_{i=1}^{n} a_i \mu_i + b \tag{3.124}$$

この平均と分散, 共分散の定義式を用いると, 分散 σ^2 は次式で与えられる.

$$\sigma^2 = V\left[\sum_{i=1}^{n} a_i X_i + b\right] = \sum_{i=1}^{n} a_i^2 \sigma_i^2 + \sum_{i \neq j} a_i a_j \rho_{ij} \sigma_i \sigma_j \tag{3.125}$$

もし, n 個の確率変数 X_i $(i = 1, 2, \cdots, n)$ が互いに独立ならば, $\rho_{ij} = 0$ $(i \neq j)$ であるから, 次の定理が得られる.

- **定理**　n 個の確率変数 X_i $(i = 1, 2, \cdots, n)$ が互いに独立で, X_i の分散が σ_i^2 であれば, $X = \sum_{i=1}^{n} a_i X_i + b$ の分散は, 次式となる.

$$\sigma^2 = V\left[\sum_{i=1}^{n} a_i X_i + b\right] = \sum_{i=1}^{n} a_i^2 \sigma_i^2 \tag{3.126}$$

さらに, 1回の実験を n 回繰り返した結果が, 確率変数の系列 $X_1, X_2, \cdots, X_n$ で表されるとき, X_i $(i = 1, 2, \cdots, n)$ はすべて同じ分布に従い, 共通の平均 μ と分散 σ^2 とをもち, 異なる X_i, X_j は互いに独立であるから, $X = X_1 + X_2 + \cdots X_n$

の平均と分散は次式のようになる.

$$E[X] = E\left[\sum_{i=1}^{n} X_i\right] = \sum_{i=1}^{n} E[X_i] = n\mu \tag{3.127}$$

$$V[X] = \sum_{i=1}^{n} \sigma_i^2 = n\sigma^2 \tag{3.128}$$

また，$X_i \ (i = 1, 2, \cdots, n)$ の平均 $\overline{X} = \dfrac{1}{n}\sum_{i=1}^{n} X_i$ については，すべての $a_i = 1/n$ および $b = 0$ として，$E[\overline{X}] = \mu$，$V[\overline{X}] = \sigma^2/n$ がいえる.

以上のことは，X_i の分布の形に無関係にいえることである．分布の形が問題になるときには，積率母関数を考えることにより重要な定理が導かれる.

- **定理** $X_i \ (i = 1, 2, \cdots, n)$ がそれぞれ独立に $N(\mu_i, \sigma_i^2)$ 型分布をするときは，$X = \sum_{i=1}^{n} a_i X_i + b$ は，$N\left(\sum_{i=1}^{n} a_i \mu_i + b, \sum_{i=1}^{n} a_i^2 \sigma_i^2\right)$ 型分布をする.
- **定理** 互いに独立に，それぞれ同じ正規分布 $N(\mu, \sigma^2)$ に従う n 個の独立変数 $X_i \ (i = 1, 2, \cdots, n)$ に対し，$X_1 + X_2 + \cdots + X_n$ は $N(n\mu, n\sigma^2)$ に，$(X_1 + X_2 + \cdots + X_n)/n$ は $N(\mu, \sigma^2/n)$ に従って分布する.

例題 3.34 $x_i \ (i = 1, 2, 3, \cdots, n)$ が独立で $V[x_i] = \sigma^2 \ (i = 1, 2, 3, \cdots, n)$ のとき，$V[\overline{x}] = \sigma^2/n$ となることを示せ．ただし，$\overline{x} = \dfrac{1}{n}\sum x_i$ である.

解 $x_i \ (i = 1, 2, 3, \cdots, n)$ はそれぞれ独立であるから，共分散 $Cov[x_i, x_j] = 0$ となる.

$$V[\overline{x}] = V\left[\frac{1}{n}\sum x_i\right] = \frac{1}{n^2}\left(V[x_1] + V[x_2] + \cdots + V[x_n]\right)$$

$$= \frac{1}{n^2}(\sigma^2 + \sigma^2 + \cdots + \sigma^2) = \frac{1}{n^2}n\sigma^2 = \frac{\sigma^2}{n}$$

3.5.2 中心極限定理

確率変数が正規分布に従う場合，その確率変数の和も正規分布に従うことは前に示した．ところで工学の問題を扱う場合，和を考える確率変数が正規分布ではない場合も多い．多数の独立な確率変数の和として定義される確率変数は，元の分布にかかわらず，近似的に正規分布に従っているとみなすことができる.

いま，n 個の確率変数 $X_1, X_2, \cdots, X_n$ が互いに独立で，それぞれが平均 μ_i，分散が σ_i^2 の分布に従っているとする．これらの和 $X_1 + X_2 + \cdots + X_n$ の平均と分散は，$\sum_{i=1}^{n} \mu_i$ および $\sum_{i=1}^{n} \sigma_i^2$ で与えられる．このことだけでは，平均と分散がわかるだけで

ある．実は加える変数の数 n が十分に大きければ，和の分布は $N\left(\sum_{i=1}^{n}\mu_i, \sum_{i=1}^{n}\sigma_i^2\right)$ で近似できるというのが中心極限定理の実用的意味である．n がどれくらい大きければ和の分布が正規分布に従うとみなしてよいかは，和をとる個々の変数がどのような分布に従っているかによる．個々の変数の分布が正規分布に近い場合や個々の分布形状が近い場合には，収束は早くなる．

3.5.3　任意の関数の平均，分散の近似解

　任意の関数の平均と分散の近似値を求める方法を示す．一般にいくつかの確率変数の関数である確率変数の平均，分散などを正確に求めることは困難であるが，その関数の変化が比較的緩やかであるときは，テイラー（Taylor）展開の1次の項で割合良い近似が得られ，平均と分散の近似値を求めることができる．2変数の場合について示すが，3変数以上の場合も同様である．

　確率変数 (X_1, X_2) の関数 $z = g(x_1, x_2)$ を考える．

　$E[X_1] = \mu_1$, $E[X_2] = \mu_2$, $E[(X_1 - \mu_1)^2] = \sigma_1^2$, $E[(X_2 - \mu_2)^2] = \sigma_2^2$, $E[(X_1 - \mu_1)(X_2 - \mu_2)] = \sigma_{12}$ とする．$z = g(x_1, x_2)$ を μ_1, μ_2 の近傍でテイラー展開し，2次以降の項を無視すれば，

$$z \approx g(\mu_1, \mu_2) + g_1(\mu_1, \mu_2)(x_1 - \mu_1) + g_2(\mu_1, \mu_2)(x_2 - \mu_2) \tag{3.129}$$

となる．ただし，$g_i(\mu_1, \mu_2) = (\partial g(x_1, x_2)/\partial x_i)_{x_i = \mu_i}$ である．

　したがって，近似的に次式が成り立つ．

$$E[Z] \approx g(\mu_1, \mu_2) \tag{3.130}$$

$$\begin{aligned}
V[Z] &= E\left[(Z - g(\mu_1, \mu_2))^2\right] \\
&\approx E\left[\{(X_1 - \mu_1)g_1(\mu_1, \mu_2) + (X_2 - \mu_2)g_2(\mu_1, \mu_2)\}^2\right] \\
&= \sigma_1^2\left(g_1(\mu_1, \mu_2)\right)^2 + \sigma_2^2\left(g_2(\mu_1, \mu_2)\right)^2 + 2\sigma_{12}g_1(\mu_1, \mu_2)g_2(\mu_1, \mu_2)
\end{aligned} \tag{3.131}$$

例題 3.35　演算子 E, V の計算をせよ．
　(1) $E[5X + 3Y]$　　(2) $V[5X]$　　(3) $V[5X - 8]$　　(4) $V[5X + 6Y]$

解　(1) $E[5X + 3Y] = E[5X] + E[3Y] = 5E[X] + 3E[Y]$
　(2) $V[5X] = 25V[X]$
　(3) $V[5X - 8] = V[5X] + V[8] = 25V[X]$
　(4) $V[5X + 6Y] = V[5X] + V[6Y] = 25V[X] + 36V[Y]$　（ただし，X, Y は独立）

例題 3.36 X と Y が互いに独立な確率変数のとき，$E[XY] = E[X]E[Y]$ となることを示せ．

解 X，Y の確率密度関数を $f(x)$，$g(y)$ とすると，(X, Y) の結合分布関数は X，Y が独立ならば $f(x) \cdot g(y)$ となるので，次式のようになる．

$$E[XY] = \int_{-\infty}^{\infty} \int_{-\infty}^{\infty} xy f(x) g(y) \, \mathrm{d}x \, \mathrm{d}y = \left(\int_{-\infty}^{\infty} x f(x) \, \mathrm{d}x \right) \left(\int_{-\infty}^{\infty} y g(y) \, \mathrm{d}y \right)$$
$$= E[X]E[Y]$$

例題 3.37 $X_1, X_2, X_3, \cdots, X_n$ を確率変数とするとき，次式が成り立つことを証明せよ．

$$V\left[\sum_{i=1}^{n} X_i \right] = \sum_{i=1}^{n} V[X_i] + 2 \sum \sum_{i>j} Cov[X_i, X_j]$$

解 $E[X_i] = \mu_i (i = 1, 2, 3, \cdots, n)$ とすると，$E[\sum X_i] = \sum \mu_i$ であり，次式のようになる．

$$V\left[\sum_{i=1}^{n} X_i \right] = E\left[\left(\sum X_i - \sum \mu_i \right)^2 \right] = E\left[\left\{ \sum (X_i - \mu_i) \right\}^2 \right]$$
$$= E\left[\sum (X_i - \mu_i)^2 + 2 \sum \sum_{i>j} (X_i - \mu_i)(X_j - \mu_j) \right]$$
$$= \sum E\left[(X_i - \mu_i)^2 \right] + 2 \sum \sum_{i>j} E\left[(X_i - \mu_i)(X_j - \mu_j) \right]$$
$$= \sum_{i=1}^{n} V[X_i] + 2 \sum \sum_{i>j} Cov[X_i, X_j]$$

3.6 極値分布

構造物の安全性に大きな影響を与える荷重側変数は，地震動や風などの偶発荷重である．これらの変数のうちでも，数十年あるいは数百年に一度起こるか起こらないかの大きな地震動や風速を念頭においた構造設計を行う必要がある．また，同一強度分布を有する輪の直列つなぎからなるチェーンを考え，これを引っ張った場合のチェーンの強度は，その中の一番弱い強度をもつ輪の強度で決定される．

構造物の安全性の評価では，ある確率変数のばらつき状態のみならず，一定期間内に生起する確率変数の最大値や最小値，あるいは極大値や極小値などの極値を問題にすることがある．ここでは，これら極値などがどのような分布をするのかをみてみよう．まず，同一母集団から抽出された実現値を大きさの順に並べた際の i 番目の値がどのような分布をするのかを述べ，次に漸近極値分布について述べる．

3.6.1　順序統計量とその分布

　同一の確率分布に従う確率変数の実現値がいくつか得られたとき，それを大小順に並べ替えた量が従う分布を考える．

　確率変数 X の母集団の確率分布関数を F_X，確率密度関数を f_X とする．この母集団から n 個のサンプルが得られたとき，その n 個のサンプルを大きさの順に並べ，i 番目に小さい値 X_i^n の確率分布関数を $F_{X_i^n}$，確率密度関数を $f_{X_i^n}$ とする．

$$
\begin{aligned}
f_{X_i^n}(x)\,\mathrm{d}x =\ & (定数) \times (X \text{ の } (i-1) \text{ 個の値が } x \text{ より小さくなる確率}) \\
& \times (X \text{ の } (n-i) \text{ 個の値が } x \text{ より大きくなる確率}) \\
& \times (X \text{ の一つの値が } x \text{ から } x+\mathrm{d}x \text{ の範囲に存在する確率}) \\
=\ & C \times F_X^{i-1}(x) \times (1 - F_X(x))^{n-i} \times f_X(x)\,\mathrm{d}x
\end{aligned}
\tag{3.132}
$$

ここで，C は n 個中 x より小さい値をもつものを $(i-1)$ 個選び，さらに x より大きい値をもつものを $(n-i)$ 個選ぶ組み合わせの数なので，

$$
C = \frac{n(n-1)!}{(i-1)!(n-i)!}
\tag{3.133}
$$

である．よって，確率分布関数は次式のように表せる．

$$
\begin{aligned}
F_{X_i^n}(y) &= \int_0^y f_{X_i^n}(x)\,\mathrm{d}x = \int_0^y C \times F_X^{i-1}(x)(1 - F_X(x))^{n-i} f_X(x)\,\mathrm{d}x \\
&= \frac{n(n-1)!}{(i-1)!(n-i)!} \left\{ \frac{(F_X(y))^i}{i} - \binom{n-i}{1} \frac{(F_X(y))^{i+1}}{i+1} \right. \\
&\quad \left. + \binom{n-i}{2} \frac{(F_X(y))^{i+2}}{i+2} + \cdots + (-1)^{n-i} \binom{n-i}{n-i} \frac{(F_X(y))^n}{n} \right\}
\end{aligned}
\tag{3.134}
$$

　工学上，とくに重要となるのは，最大値と最小値の分布である．橋梁やダムなどを設計する場合，外力として供用年数中に作用するであろう最大風速や最大流量を評価し，一方，材料強度の最小値を考慮して部材や構造物の耐力評価をする必要がある．

　式 (3.134) を使うと，最大値分布および最小値分布が次式のように求められる．

　$i = n$，すなわち n 個のサンプルの中での最大値を Y とすると，その確率分布関数 $G_Y(y)$ および確率密度関数 $g_Y(y)$ は，次式のようになる．

$$
G_Y(y) = (F_X(y))^n
\tag{3.135}
$$

$$
g_Y(y) = n f_X(y)(F_X(y))^{n-1}
\tag{3.136}
$$

また，$i = 1$，すなわち n 個のサンプルの中での最小値 Z の確率分布関数 $G_Z(z)$ および確率密度関数 $g_Z(z)$ は，次式のようになる．

$$G_Z(z) = 1 - (1 - F_X(z))^n \tag{3.137}$$

$$g_Z(z) = n f_X(z)(1 - F_X(z))^{n-1} \tag{3.138}$$

例題 3.38 元の分布の確率密度関数を $f(x)$，確率分布関数を $F(x)$ とし，この中から n 個のサンプルを取り出すとき，次のことを求めよ．
(1) 最大値の分布の確率分布関数 $F_{\max}(x)$ と確率密度関数 $f_{\max}(x)$
(2) 最小値の分布の確率分布関数 $F_{\min}(x)$ と確率密度関数 $f_{\min}(x)$

解 (1) $x_{\max}$ の確率分布関数は $x_{\max}$ が x より小さくなる確率であるから

$$\begin{aligned}
F_{\max}(x) &= \Pr[x_{\max} \leq x] = \Pr[x_1 \leq x]\Pr[x_2 \leq x]\cdots\Pr[x_n \leq x] \\
&= (F(x))^n
\end{aligned}$$

となり，確率密度関数は次式のようになる．

$$f_{\max}(x) = \frac{\mathrm{d}F_{\max}(x)}{\mathrm{d}x} = n[F(x)]^{n-1}f(x)$$

(2)
$$\begin{aligned}
F_{\min}(x) &= \Pr[x_{\min} \leq x] = 1 - \Pr[x_{\min} \geq x] \\
&= 1 - \Pr[x_1 > x]\Pr[x_2 > x]\cdots\Pr[x_n > x] \\
&= 1 - (1 - F(x))^n
\end{aligned}$$

$$f_{\min}(x) = \frac{\mathrm{d}F_{\min}(x)}{\mathrm{d}x} = n(1 - F(x))^{n-1}f(x)$$

とくに，元の分布が正規分布の場合には，上記の式は次式のようになる．

$$F_{\max}(x) = \left\{\Phi\left(\frac{x-\mu}{\sigma}\right)\right\}^n$$

$$f_{\max}(x) = n\left\{\Phi\left(\frac{x-\mu}{\sigma}\right)\right\}^{n-1}\phi\left(\frac{x-\mu}{\sigma}\right)\left(\frac{1}{\sigma}\right)$$

$$F_{\min}(x) = 1 - \left\{1 - \Phi\left(\frac{x-\mu}{\sigma}\right)\right\}^n$$

$$f_{\min}(x) = n\left\{1 - \Phi\left(\frac{x-\mu}{\sigma}\right)\right\}^{n-1}\phi\left(\frac{x-\mu}{\sigma}\right)\left(\frac{1}{\sigma}\right)$$

$\Phi\left(\frac{x-\mu}{\sigma}\right)$，$\phi\left(\frac{x-\mu}{\sigma}\right)$ は，それぞれ $N(0, 1^2)$ の正規分布の確率分布関数と確率密度関数を表す．

3.6.2 正規極値

確率変数 X が平均 μ_X，標準偏差 σ_X の正規分布に従う場合を考える．確率分布関数は次式のようになる．

$$F_X(x) = \int_{-\infty}^{x} \frac{1}{\sqrt{2\pi}} \frac{1}{\sigma_X} \exp\left\{-\frac{1}{2}\left(\frac{t-\mu_X}{\sigma_X}\right)^2\right\} \mathrm{d}t \tag{3.139}$$

この正規分布からランダムに n 個サンプリングされた確率変数の最大値の確率分布関数は，式 (3.135) から次式のようになる．

$$F_{X_n^n}(x) = \left\{\int_{-\infty}^{x} \frac{1}{\sqrt{2\pi}\sigma_X} \exp\left(-\frac{1}{2}\left(\frac{t-\mu_X}{\sigma_X}\right)^2\right) \mathrm{d}t\right\}^n \tag{3.140}$$

この分布はもはや正規分布とはならないことに注意しよう．

　たとえば，元の分布として $N(0, 1^2)$ をとり，これから $n = 10, 100, 1000$ とサンプリングしたときの最大値の確率密度関数の概略を示すと，図 3.15 のようになる．取り出す標本数が多くなるに従い，分布が右寄りになっていることがわかる．標本数が大きくなればなるほど，大きな最大値が得られる可能性は高まるからであり，この傾向はわれわれの直感とも一致している．

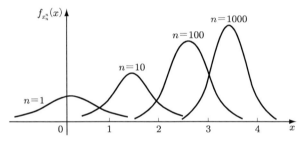

図 3.15　正規分布からサンプリングされたデータの最大値分布

例題 3.39　指数分布に従う母集団から n 個の標本を取り出すとき，その最大極値が従う分布を求めよ．

解　確率変数 X が指数分布に従うとすると，その確率密度関数 $f(x)$，確率分布関数 $F(x)$ は次式のように書ける．

$$f(x) = \lambda e^{-\lambda x}$$
$$F(x) = 1 - e^{-\lambda x}$$

その最大極値 Y の確率密度関数 $g_Y(y)$，確率分布関数は $G_Y(y)$，式 (3.136)，(3.135) より，

$$g_Y(y) = n\lambda e^{-\lambda x}(1 - e^{-\lambda x})^{n-1}$$
$$G_Y(y) = (1 - e^{-\lambda x})^n$$

となる．$n = 2, 5, 10$ の場合について最大極値の確率密度関数を図示すると，図 3.16 のようになる．

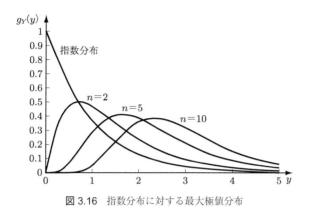

図 3.16 指数分布に対する最大極値分布

3.6.3 極値の漸近分布

　構造物の安全性や信頼性を検討する際，自重などの死荷重，自動車荷重や列車荷重などの活荷重のみならず，地震や風など偶発荷重に対する安全性も検討しなければならない．地震や風などの作用は，構造物の供用期間中，数回程度生じる中程度の大きさの荷重から，発生頻度は低いがきわめて大きな荷重まである．構造物の安全性に大きな影響を与えるのは，稀にしか発生しないがきわめて大きな強さをもつ偶発荷重，とくにその最大値分布である．また，部材や構造物の耐力（強度）を評価する際，その最小値が問題となる場合がある．たとえば，強度が同一母集団からなる環を連ねて鎖状のものを作り，それを両端から引っ張り，破断荷重はどうなるかを考える場合である．このような場合，環の強度の最小値分布が問題となる．一般に，最大値や最小値に関する統計データは少ないのが現状である．

　地震や風などの観測によって得られたデータから最大値の分布を推定する際，観測データの数によってその結果が異なるようでは困る．したがって，十分長い期間を考えたとき，その期間に起こりうる最大値や最小値などの極値がどのような確率的特性をもつかが重要となる．サンプル数 n が無限大となった場合の極値分布は，漸近分布という．極値の分布は元の分布の裾野の形状に大きく左右され，最大値の分布は元の分布の右側の裾野の形状に依存し，最小値の分布は元の分布の左側の裾野の形状に影響を受けることになる．グンベルは，極値の分布は元の分布の裾野の形状に応じて次の3種に分類できることを示した．

(1)　第 I 種極値分布

　第 I 種極値の最大値分布は，元の分布の右側（上方）の裾野が次式のように指数関数で近似できる場合の漸近分布である．

$$F_X(x) = 1 - e^{-g(x)} \tag{3.141}$$

ここで，g は x の増加関数である．すなわち，分布の上方の裾野が指数関数的に減じていく場合が対象であり，母集団からランダムに抽出された多くのサンプルの最大値 Y の確率分布関数 F_Y，および確率密度関数 f_Y は次式のように表される．

$$F_Y(y) = \exp\{-\exp(-\alpha(y-u))\} \tag{3.142}$$

$$f_Y(y) = \alpha \exp\{-\alpha(y-u) - \exp(-\alpha(y-u))\} \tag{3.143}$$

ここで，$-\infty \leq y \leq \infty$，$\alpha$ はばらつきの度合いを表し，$\alpha > 0$，u は最頻値（モード）を表すパラメータである．この分布は，平均値 $\mu_Y = u + \dfrac{r}{\alpha}$（$r = 0.5772$，オイラー定数），標準偏差 $\sigma_Y = \dfrac{\pi}{\alpha\sqrt{6}}$ となる．

　元の分布 $f_X(x)$ と最大値分布 $f_Y(y)$ の概略を示すと，図 3.17 のようになる．

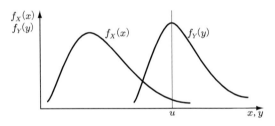

図 3.17　元の分布と第 I 種最大値分布

　第 I 種極値分布は，その形状から二重指数分布という．極値理論を体系化したグンベルの名をとってグンベル分布ともいう．第 I 種極値分布は，洪水流量の分布や降水量などの気象現象の観測極値の解析に用いられている．

　また，母集団分布の左側（下方）の裾野が指数関数型である場合，母集団からランダムに抽出された多くのサンプルの最小値 Z の漸近分布の確率分布関数 F_Z および確率密度関数 f_Z は次式のようになる．

$$F_Z(z) = 1 - \exp\{-\exp(\alpha(z-u))\} \tag{3.144}$$

$$f_Z(z) = \alpha \exp\{\alpha(z-u) - \exp(-\alpha(z-u))\} \tag{3.145}$$

ここで，$-\infty \leq z \leq \infty$ で，平均値 $\mu_Z = u - \dfrac{r}{\alpha}$，標準偏差 $\sigma_Z = \dfrac{\pi}{\alpha\sqrt{6}}$ となる．

(2) 第Ⅱ種極値分布

元の確率変数 X が正の値(すなわち下限 0)に制限され,分布の右側の裾野には制限がなく,確率分布関数の右側が

$$G_X(x) = 1 - \beta \left(\frac{1}{x} \right)^k \qquad (x \geq 0) \tag{3.146}$$

と表される場合について考える.この場合の最大値 Y の確率分布関数 $F_Y(y)$,確率密度関数 $f_Y(y)$ は次式のようになる.

$$F_Y(y) = \exp \left\{ - \left(\frac{u}{y} \right)^k \right\} \tag{3.147}$$

$$f_Y(y) = \frac{k}{u} \left(\frac{u}{y} \right)^{k+1} \exp \left\{ - \left(\frac{u}{y} \right)^k \right\} \tag{3.148}$$

ただし,$y \geq 0$,$u > 0$,$k > 0$ である.

平均値 μ_Y と標準偏差 σ_Y は Γ(ガンマ関数)を用いて次式のようになる.

$$\mu_Y = u\Gamma \left(1 - \frac{1}{k} \right) \qquad (k > 1) \tag{3.149}$$

$$\sigma_Y = u \left\{ \Gamma \left(1 - \frac{2}{k} \right) - \Gamma^2 \left(1 - \frac{1}{k} \right) \right\}^{1/2} \qquad (k > 2) \tag{3.150}$$

もし,元の分布の下限値が 0 でなく v の場合には,最大値の確率分布関数は次式のようになる.

$$F_Y(y) = \exp \left\{ - \left(\frac{u}{y - v} \right)^k \right\} \tag{3.151}$$

ここで,u はスケールパラメータ,v は位置パラメータ,k は形状パラメータである.

最大値 Y が第Ⅱ種の最大値分布に従うならば,その対数をとった $Z = \ln Y$ は第Ⅰ種の最大値分布に従うことが知られている.

第Ⅱ種の最大値分布は,水理学や気象学の極値のモデルによく用いられる.これは元の分布に負の部分がなく,正の方に無限に分布するような同一の分布をもつ独立な確率変数の最大値の極限分布となっているからである.

第Ⅱ種極値分布は,フレシェ分布ともいう.

(3) 第Ⅲ種極値分布

われわれが扱う変量の最大値や最小値には,上限値や下限値が存在することも多い.たとえば,雨量や風速などもいくらでも大きな値をとれるわけではなく,物理的に上限値が存在する.このような場合,上下限値を反映した分布を当てはめたほうが物理現象を的確に表現できる.ただし,上下限値がわからない場合もある.

元の分布の上限が w であり，その付近の関数が

$$G_X(x) = 1 - c\,(w - x)^k \qquad (x \leq w,\ k > 0) \tag{3.152}$$

と近似できるような場合を考える．この分布からランダムにサンプリングされた確率変数の最大値 Y は，次の確率分布関数 F_Y および確率密度関数 f_Y に漸近することが知られている．

$$F_Y(y) = \exp\left\{ -\left(\frac{w - y}{w - u} \right)^k \right\} \tag{3.153}$$

$$f_Y(y) = \frac{k}{w - u} \left(\frac{w - y}{w - u} \right)^{k-1} \exp\left\{ -\left(\frac{w - y}{w - u} \right)^k \right\} \tag{3.154}$$

同様に，元の分布の下限値が w でその付近の関数が

$$G_X(x) = c(x - w)^k \tag{3.155}$$

と近似できる場合について考える．この分布からランダムに抽出された確率変数の最小値 Z は，次の確率分布関数 F_Z および確率密度関数 f_Z に漸近することが知られている．

$$F_Z(z) = 1 - \exp\left\{ -\left(\frac{z - w}{u - w} \right)^k \right\} \tag{3.156}$$

$$f_Z(z) = \frac{k}{u - w} \left(\frac{z - w}{u - w} \right)^{k-1} \exp\left\{ -\left(\frac{z - w}{u - w} \right)^k \right\} \tag{3.157}$$

ただし，$z \geq w,\ k > 0,\ u > w \geq 0$ である．

この最小値分布の平均と標準偏差は，次式のようになる．

$$\mu_Z = w + (u - w)\Gamma\left(1 + \frac{1}{k} \right) \tag{3.158}$$

$$\sigma_Z = (u - w)\left\{ \Gamma\left(1 + \frac{2}{k} \right) - \Gamma^2\left(1 + \frac{1}{k} \right) \right\}^{1/2} \tag{3.159}$$

この第Ⅲ種の最小値分布は三つのパラメータをもつワイブル分布として知られ，疲労現象や脆性破壊の強度評価によく用いられる．

3.7　分布パラメータの推定

確率分布関数は，既知あるいはすでに指定されている場合，そのパラメータ（平均値や分散など）を推定(estimate)しなければならない．推定には，点推定(point estimate)と区間推定(internal estimate)があるが，ここでは点推定のモーメント法と最尤推定法について述べる．

3.7.1 モーメント法

いま考えている確率変数 X は，パラメータが $\theta_1, \theta_2, \cdots, \theta_k$ である確率密度関数 f_X をもつものとする．k の j 次のモーメントは次式のようになる．

$$\xi_j = E[X^j] = \int_{-\infty}^{\infty} x^j f_X(x)\, \mathrm{d}x \tag{3.160}$$

f_X は k 個のパラメータ $\theta_1, \theta_2, \cdots, \theta_k$ の関数であるから，式 (3.160) の右辺も同じ k 個のパラメータの関数である．したがって，次式のようになる．

$$\xi_j = \xi_j(\theta_1, \theta_2, \cdots, \theta_k) \tag{3.161}$$

式 (3.160) を使って最初の k 個のモーメント ξ_j を計算すると，k 個の未知の分布パラメータ θ_j に関する k 個の方程式が得られる．もし，実現値が $(x_1, x_2, \cdots, x_n)$ である大きさ n の X の無作為標本を考えると，等価な標本モーメントは次式のようになる．

$$m_j = \frac{1}{n} \sum_{i=1}^{n} (x_i)^j \tag{3.162}$$

結局，k 個の未知なる分布パラメータ θ_j に関するモーメント法による推定量 $\widehat{\theta}_j \ (j = 1, 2, \cdots, k)$ は，X のモーメント ξ_j と標本モーメント m_j とを等しいとおいて求めることができる．

例題 3.40　X を正規分布に従う確率変数とし，無作為抽出により標本 $(x_1, x_2, \cdots, x_n)$ が得られたとする．そのとき，分布のパラメータである平均 μ と標準偏差 σ をモーメント法により推定せよ．

解　1 次，2 次のモーメントは次式のようになる．

$$\xi_1 = E[X] = \mu$$
$$\xi_2 = E[X^2] = \mu^2 + \sigma^2$$

等価な標本モーメントは次式のようになる．

$$m_1 = \frac{1}{n} \sum_{i=1}^{n} x_i$$
$$m_2 = \frac{1}{n} \sum_{i=1}^{n} x_i^2$$

これらの各項を等しいとおくと，μ，σ^2 の推定値 $\widehat{\mu}$，$\widehat{\sigma}^2$ は次式のようになる．

$$\widehat{\mu} = \frac{1}{n} \sum_{i=1}^{n} x_i$$

$$\widehat{\sigma}^2 = \frac{1}{n} \sum_{i=1}^{n} x_i^2 - \widehat{\mu}^2 = \frac{1}{n} \sum_{i=1}^{n} (x_i - \widehat{\mu})^2$$

3.7.2　最尤推定法

　母集団から大きさ n の標本を抽出したときの標本値を $(x_1, x_2, \cdots, x_n)$ とする．母集団分布が離散型であるとき，標本値が $(x_1, x_2, \cdots, x_n)$ である確率 $\Pr[X_1 = x_1, X_2 = x_2, \cdots, X_n = x_n] = f(x_1, x_2, \cdots, x_n; \theta)$ については，その関数の型はわかっているが，その中に未知母数 θ が含まれているとする．

　$(x_1, x_2, \cdots, x_n)$ は標本から現に知られているが，θ が未知であるから，θ にいろいろな値を入れて考えると，それに伴って確率 $f(x_1, x_2, \cdots, x_n; \theta)$ の値は変化する．このように，$(x_1, x_2, \cdots, x_n)$ が知られているとき，$f(x_1, x_2, \cdots, x_n; \theta)$ を θ の関数とみなして，この $f(x_1, x_2, \cdots, x_n; \theta)$ を未知母数 θ の尤度（likelihood）といい，$L(\theta)$ で表す．とくに，標本抽出が復元抽出であるとき，$(X_1, X_2, \cdots, X_n)$ は独立であるから，$\Pr[X = x]$ を $f(x; \theta)$ で表すと，尤度 $L(\theta)$ は次式のようになる．

$$L(\theta) = f(x_1; \theta) f(x_2; \theta) \cdots f(x_n; \theta) \tag{3.163}$$

母集団分布が連続型である場合も同様な考え方ができる．

　標本値が $(x_1, x_2, \cdots, x_n)$ であるとき，母数 θ の二つの値 θ_1，θ_2 に対し，$L(\theta_1) > L(\theta_2)$ であるならば，母数 θ の推定値としては，θ_1 のほうが θ_2 よりも望ましいと考えられる．したがって，尤度を最大にするような θ の値 $\widehat{\theta}$ は，θ の推定値としてもっとも望ましいと考えられる．この $\widehat{\theta}$ を母数 θ の最尤推定値（maximum likelihood estimate）という．最尤推定値は，

$$\frac{\partial L(\theta)}{\partial \theta} = 0 \tag{3.164}$$

あるいは，

$$\frac{\partial}{\partial \theta} \log L(\theta) = 0 \tag{3.165}$$

を満たす値として求められる．

例題 3.41　母集団比率 p である二項分布から大きさ n の標本のうち，母集団属性 A をもつものが k 個であるとき，母集団比率 p の最尤推定値 $\widehat{p}$ を求めよ．

解　母数 p の尤度は，

$$L(p) = p^k(1-p)^{n-k}$$

であるので,

$$\frac{\partial L(p)}{\partial p} = kp^{k-1}(1-p)^{n-k} - (n-k)p^k(1-p)^{n-k-1}$$

$$= p^{k-1}(1-p)^{n-k-1}(k-np) = 0$$

より, $\widehat{p} = \dfrac{k}{n}$ となる.

例題 3.42　$x_1, x_2, \cdots, x_n$ は正規分布 $N(\mu, \sigma^2)$ からのランダム標本とするとき, 母平均 μ と母分散 σ^2 の最尤推定値を求めよ.

解　正規分布の確率密度関数は, $f(x) = \dfrac{1}{\sigma\sqrt{2\pi}} e^{-(x-\mu)^2/(2\sigma^2)}$ であるから, 尤度関数

$$L(\mu, \sigma) = \left\{ \frac{1}{\sigma\sqrt{2\pi}} e^{-(x_1-\mu)^2/(2\sigma^2)} \right\} \left\{ \frac{1}{\sigma\sqrt{2\pi}} e^{-(x_2-\mu)^2/(2\sigma^2)} \right\}$$

$$\cdots \left\{ \frac{1}{\sigma\sqrt{2\pi}} e^{-(x_n-\mu)^2/(2\sigma^2)} \right\}$$

$$= \frac{1}{(2\pi)^{n/2}\sigma^n} e^{-1/(2\sigma^2) \sum\limits_{i=1}^{n}(x_i-\mu)^2}$$

の対数をとると,

$$\log L = -\frac{n}{2}\log(2\pi) - n\log\sigma - \frac{1}{2\sigma^2}\sum_{i=1}^{n}(x_i-\mu)^2$$

となり, 微分して 0 とおくと,

$$\frac{\partial \log L}{\partial \mu} = \frac{1}{\sigma^2}\sum(x_i-\mu) = 0 \qquad\qquad ①$$

$$\frac{\partial \log L}{\partial \sigma} = -\frac{n}{\sigma} + \frac{1}{\sigma^3}\sum(x_i-\mu)^2 = 0 \qquad\qquad ②$$

となる. 式①より $\sum(x_i-\mu) = 0$ となり, よって, $\widehat{\mu} = \dfrac{\sum x_i}{n} = \overline{x}$, 式②より $n = \dfrac{1}{\sigma^2}\sum(x_i-\mu)^2$ となり, よって, $\widehat{\sigma}^2 = \dfrac{1}{n}\sum(x_i-\overline{x})^2$ となる.

例題 3.43　$x_1, x_2, \cdots, x_n$ を指数分布 $f(x;\mu) = \dfrac{1}{\mu}e^{-x/\mu}$ $(x \geq 0)$ からの任意標本とするとき, μ に対する最尤推定値を求めよ.

解　尤度関数 $L(\mu)$ は,

$$L(\mu) = \left(\frac{1}{\mu}e^{-\frac{x_1}{\mu}}\right)\left(\frac{1}{\mu}e^{-\frac{x_2}{\mu}}\right)\cdots\left(\frac{1}{\mu}e^{-\frac{x_n}{\mu}}\right) = \frac{1}{\mu^n}e^{-1/\mu \sum\limits_{i=1}^{n} x_i} \qquad (x_i > 0)$$

となり, 対数をとると,

$$\log L(\mu) = -n\log\mu - \frac{1}{\mu}\left(\sum x_i\right)$$

となる. さらに, 微分して 0 とおくと,

$$\frac{\partial \log L}{\partial \mu} = -\frac{n}{\mu} + \frac{1}{\mu^2}\left(\sum x_i\right) = 0$$

より, $\widehat{\mu} = \dfrac{1}{n}\sum x_i = \overline{x}$ となる.

3.7.3　推定量に必要な性質

　母平均の推定量を求める場合, 標本平均以外に中央値や最頻値などもその候補として考えられる. 一般に, 推定量として以下に示す不偏性, 一致性および有効性をもつ推定量が望ましい.

(1)　不偏性

　母集団から大きさ n の標本 $X_1, X_2, \cdots, X_n$ の標本平均の期待値は,

$$E[\overline{X}] = \mu \tag{3.166}$$

となり, また, 標本分散 $S^2 = \dfrac{1}{n}\displaystyle\sum_{i=1}^{n}(X_i - \overline{X})^2$ の期待値 $E[S^2]$ を求めると,

$$E[S^2] = E\left[\frac{1}{n}\sum_{i=1}^{n}(X_i - \overline{X})^2\right] = E\left[\frac{1}{n}\sum_{i=1}^{n}X_i^2 - \overline{X}^2\right]$$
$$= \frac{1}{n}\sum_{i=1}^{n}E[X_i^2] - E[\overline{X}^2] \tag{3.167}$$

となる.

　ところが,

$$E[X_i^2] = \sigma_{X_i}^2 + E[X_i]^2 = \sigma^2 + \mu^2 \tag{3.168}$$

$$E[\overline{X}^2] = \sigma_{\overline{X}}^2 + E[\overline{X}]^2 = \frac{\sigma^2}{n} + \mu^2 \tag{3.169}$$

であるから, 次式のようになる.

$$E[S^2] = \frac{1}{n}n(\sigma^2 + \mu^2) - \left(\frac{\sigma^2}{n} + \mu\right) = \frac{n-1}{n}\sigma^2 \tag{3.170}$$

したがって,

$$E\left[\frac{n}{n-1}S^2\right] = \sigma^2 \tag{3.171}$$

であり, すなわち, 不偏分散 $U^2 = \dfrac{1}{n-1}\displaystyle\sum_{i=1}^{n}(X_i - \overline{X})^2$ の期待値は, 母分散 σ^2 に等しいことになる.

　以上, 述べたところによると, 母集団の母平均 μ, 母分散 σ^2 を推定するための推定量として, それぞれの標本平均 $\overline{X}$, 不偏分散 U^2 を選んだ. その根拠は, 統計量

$\overline{X}$, U^2 の期待値がそれぞれ母平均 μ, 母分散 σ^2 に等しいことである.

　一般化すると, 母集団の未知母数 θ の推定量 T に対し, $E[T] = \theta$ が成り立つことであり, この性質を推定量 T の不偏性(unbiasedness)といい, その推定量を不偏推定量(unbiased estimator)という.

(2) 一致性

　大きさ n の標本の標本平均 $\overline{X}$ に対しては, $E[\overline{X}] = \mu$, $\sigma^2_{\overline{X}} = \sigma^2/n$ が成り立つので, 標本の大きさ n を大きくすれば, 標本平均 $\overline{X}$ は母平均 μ まわりにますます密集することは明らかである. いま, 標本平均 $\overline{X}$ に対して, チェビシェフの不等式を適用すると, 任意の正の値 ε に対して

$$\Pr\left[|\overline{X} - \mu| \geq \varepsilon\right] \leq \frac{\sigma^2}{n\varepsilon^2}$$

あるいは,

$$\Pr\left[|\overline{X} - \mu| < \varepsilon\right] \geq 1 - \frac{\sigma^2}{n\varepsilon^2} \tag{3.172}$$

となる. ここで, ε がいかに小さくとも, 標本の大きさ n を十分大きくしさえすれば, $\sigma^2/(n\varepsilon^2)$ はいくらでも小さくなる. ゆえに, 標本の大きさ n を十分大きくしていけば, 標本平均値 $\overline{X}$ が母平均 μ にごく近いということは, 十分期待できる.

　一般化すると, 母集団の未知母数 θ の推定量 T について, 任意の正の値 ε に対して, $\Pr\left[|T - \theta| \geq \varepsilon\right]$ が標本の大きさ n を大きくしさえすればいくらでも小さくなるとき, すなわち, $\lim_{n \to \infty} \Pr\left[|T - \theta| \geq \varepsilon\right] = 0$ あるいは $\lim_{n \to \infty} \Pr\left[|T - \theta| < \varepsilon\right] = 1$ が成り立つとき, そのような性質を推定量 T の一致性(consistency)といい, 推定量 T を母数 θ の一致推定量という.

(3) 有効性

　母集団が正規母集団 $N(\mu, \sigma^2)$ であるとき, 大きさ n の標本の標本中央値 $\widetilde{X}$ は, 標本の大きさが十分大きいならば, 近似的に $N\left(\mu, \dfrac{\pi\sigma^2}{2n}\right)$ に従って分布することが知られている. したがって, 標本の大きさ n が十分に大きいときは, 標本中央値 $\widetilde{X}$ も標本平均値と同様に正規母集団 $N(\mu, \sigma^2)$ の母平均 μ の不偏推定量であり, かつ一致推定量であることがわかる.

　ところで, 標本平均 $\overline{X}$ の分散は σ^2/n, 標本中央値 $\widetilde{X}$ の分散は $\pi\sigma^2/(2n)$ であり, $\pi/2 > 1$ であるから, 標本平均 $\overline{X}$ は母平均まわりに標本中央値 $\widetilde{X}$ よりももっと密集している. したがって, 正規母集団の場合には, 母平均 μ の推定値として標本平均 $\overline{X}$ は標本中央値 $\widetilde{X}$ よりも望ましいと考えられる.

　一般化すると，母集団の未知母数 θ の不偏かつ一致推定量 T_1, T_2 について，T_1 の分散 $\sigma_{T_1}^2$ が T_2 の分散 $\sigma_{T_2}^2$ より小さいとき，推定量 T_1 は推定量 T_2 よりも有効性 (efficiency) があるという．

　第3章では，安全性・信頼性評価によく用いられる確率モデルや分布パラメータの推定法について述べた．構造物の信頼性評価では，ばらつきの評価が重要であり，本章で述べた事項は，そのために必要となる道具である．

　第4章では，信頼性理論に基づく安全性の検証法の基礎について，そして第5章では，複数の限界状態に対する構造安全性評価法の基礎について述べる．

第4章
信頼性理論に基づく安全性検証法の基礎

4.1 信頼性工学の概要

工学や技術の分野では「信頼性」や「信頼度」という言葉が使用される前から，信頼性に相当する概念は存在していたと思われる．それは，定性的，主観的で漠然としていたものの，機械部品，電気部品さらには構造物の部材や構成部品などがなるべく故障しないよう，あるいは寿命が長くなるように工夫され製造されていたはずだからである．

信頼性工学によってはじめて信頼性が定量化され，客観的な解析や計量の対象となり，数値で表されるようになった．信頼性の定量化は確率（破損や故障しない確率）を用いて行うため，信頼性工学では確率統計的手法が中心的役割を担う．

信頼性工学でいう信頼性（reliability）とは，機器や装置などハードウエアについての信頼性である．信頼性が高ければ，故障が生じにくい．故障（failure）とは機能を失うことであり，構造物の破損も故障の中に含まれる．信頼性を定量化した指標が信頼度（reliability）であり，信頼度は「機器，装置，部品，システムなどのアイテムが与えられた条件で規定の期間中，要求された機能を果たす確率」である．すなわち，信頼度とは非故障確率あるいは生存確率のことである．確率を用いるのは，故障するまでの寿命にばらつきがあるからである．

信頼性工学の応用として設計への応用がある．これは，製造しようとする機器の信頼性を設計段階で解析し，目標とする信頼性をもつように設計することである．また，保守点検（維持管理）への応用もある．これは，信頼性工学の観点から維持管理計画を検討し，目標とする信頼性が確保されるようにすることである．

信頼性工学の応用にあたっては，対象の信頼性解析が必要となる．定量的解析では，統計データをもとにして信頼度を評価するが，しばしば問題となるのは統計データが十分にないことである．信頼性はその本質上，信頼度がきわめて1に近い値が対象となる．逆に破損する確率は，10^{-3}とか10^{-5}のようにきわめて小さな値を対象としている．これは寿命の分布における裾野の部分を問題としており，統計データとしては非常に多くの標本を必要としている．しかし，現実的にはそのよう

な多くのデータの収集は時間的，経費的に困難であり，分布の裾野は外挿によって推定される場合が多い．ここに，信頼性工学を実際に応用する場合の困難さがあり，これを克服して信頼性解析の結果を適切な意思決定に結びつける方法が大切となる．その方法の一つは，計算結果を相対評価に使うことである．これは，複数の設計案や維持管理案を信頼度により比較したり，多数の要因のうちで相対的にどれが信頼度に大きな影響を与えるかを見出したりすることである．計算値の相対評価を行うことで，外挿に由来する不確かさを軽減できる．

　以上述べてきたように，信頼性工学は，機械，エレクトロニクス，システムあるいはシステムの部品の試験データや故障に関するデータが与えられた場合，システムの供用年数の期待値や期待故障率，あるいは故障から故障までの時間間隔の期待値などを予測するために発展してきた．

　さて，橋梁などの構造物は，上部工・下部工・支承・杭基礎など多くの部位・部材から構成されているので，構造物は一つのシステムとみなすことができる．構造物の供用年数は数十年あるいはそれ以上と長く，構造物の供用年数にわたって所定の安全性を維持するよう，設計において適切な検討をする必要がある．その検討内容としては次のことなどがある．

- 供用年数中に生じるであろう作用や荷重に対して構造物の挙動がある限界状態を超える確率はどれくらいか．またその確率をある許容値に抑えるためにどのような断面寸法や配筋が必要となるか．
- 過大な作用や荷重が作用した場合，望ましい破壊モードを生じさせるには，各部位・部材の耐力をどのように設定すべきか．
- ある構造物の実際の供用年数が設計で指定された供用年数を超える確率はどの程度か．
- 構造物の損傷によって生じる結果と冗長要素を用いることによって生じる費用を考え，供用年数の設定は経済的にどの程度が最適か．
- 構造物や部位・部材を維持管理するうえで，点検の時間間隔はどのように決めたらよいか．
- 部材などを取り替えるまでの時間間隔はどの程度が最適か．

これらの内容を適切に予測あるいは判断するための重要な手掛かりを与えてくれるのが信頼性理論である．

　本章では，破壊確率の概念と計算法，三つの水準に基づく安全性検証法，部分安全係数法の設定法，そして相関のある変数の扱い方など，構造信頼性工学の基礎に

ついて示す.

4.2　故障寿命分布・信頼度関数・故障率

4.2.1　故障寿命分布

　信頼性は，製品や部品が規定の期間中機能を果たす確率によって定量的に表される. この確率は，故障寿命(故障発生までの時間)分布から求められる.

　同一ロットから製造された製品の寿命を調べた結果，図 4.1 が得られたとする.

　これを滑らかな曲線で結び，囲まれる面積が 1 となるように縦軸の目盛りを決める. この曲線を $f(t)$ とすると，これは寿命の確率密度関数となる. 寿命 T が t と $t + \mathrm{d}t$ の間の値をとる確率は，次式のようになる.

$$\Pr[t < T \leq t + \mathrm{d}t] = f(t)\,\mathrm{d}t \tag{4.1}$$

また，次式で表される関数は寿命の確率分布関数である.

$$F(t) = \int_0^t f(t)\,\mathrm{d}t \tag{4.2}$$

$F(t)$ は寿命がある値 t よりも短い確率を表している.

　寿命の平均値 μ は次式で与えられる.

$$\mu = \int_0^\infty t f(t)\,\mathrm{d}t \tag{4.3}$$

図 4.2 に $f(t)$ と $F(t)$ の関係を表す.

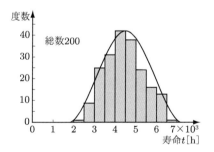

図 4.1　製品の寿命のヒストグラムの例

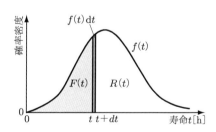

図 4.2　寿命の密度関数，確率分布関数，
信頼度関数

4.2.2　信頼度関数

　所定の期間中故障しない確率が信頼度であり，期間 t に対する信頼度を $R(t)$ とすると，$R(t)$ は寿命の確率密度関数 $f(t)$ と次式の関係にある.

$$R(t) = \int_t^\infty f(t)\,\mathrm{d}t \tag{4.4}$$

また,寿命の確率分布関数 $F(t)$ とは次式の関係にある.

$$R(t) = 1 - F(t) \tag{4.5}$$

信頼度は一般に時間の関数となるので,$R(t)$ を信頼度関数(reliability function)ともいう.$R(t)$ は図 4.2 において時刻 t より右側の面積に相当する.

式 (4.4) から

$$f(t) = -\frac{\mathrm{d}R}{\mathrm{d}t} \tag{4.6}$$

が成り立つ.平均寿命 μ との関係を求めると,次式のようになる.

$$\mu = \int_0^\infty t f(t)\,\mathrm{d}t = -\int_0^\infty t\frac{\mathrm{d}R}{\mathrm{d}t}\,\mathrm{d}t = \int_0^\infty R(t)\,\mathrm{d}t \tag{4.7}$$

4.2.3　故障率

同一ロットの製品 N_0 個を時刻 $t = 0$ で使用開始したとする.ある時刻 t が経過したとき,故障していない製品の数を $N_{\mathrm{S}}(t)$ とする.その後の微少時間 $\mathrm{d}t$ の間に故障する製品の数を $\mathrm{d}N_{\mathrm{f}}(t)$ とする.$\mathrm{d}N_{\mathrm{f}}(t)/N_{\mathrm{S}}(t)$ を $\lambda(t)\,\mathrm{d}t$ と表すと,$\lambda(t)$ は時刻 t まで故障していなかったもののうち,続く単位時間内に故障するものの割合を表している.N_0 が十分に大きい場合を考えると,

$$N_{\mathrm{S}}(t) = N_0 R(t) \tag{4.8}$$

$$\mathrm{d}N_{\mathrm{f}}(t) = N_0 f(t)\,\mathrm{d}t \tag{4.9}$$

であるから,次式が成り立つ.

$$\lambda(t)\,\mathrm{d}t = \frac{\mathrm{d}N_{\mathrm{f}}(t)}{N_{\mathrm{S}}(t)} = \frac{f(t)\,\mathrm{d}t}{R(t)} \tag{4.10}$$

すなわち,

$$\lambda(t) = \frac{f(t)}{R(t)} \tag{4.11}$$

である.$\lambda(t)$ のことを故障率といい,(時間) $^{-1}$ の次元をもつ.

このように,$\lambda(t)\,\mathrm{d}t$ は時刻 t まで故障しないもののうちで,どれくらいの割合が続く $\mathrm{d}t$ の間に故障するかを表す量である.これに対し,$f(t)\,\mathrm{d}t$ は $t = 0$ で存在した製品全体のうちのどれくらいの割合が $(t, t + \mathrm{d}t)$ の間に故障するかを表している.

さて,式 (4.6) を式 (4.11) に代入すると,

$$\lambda(t) = -\frac{1}{R(t)}\frac{\mathrm{d}R}{\mathrm{d}t} = -\frac{\mathrm{d}(\ln R)}{\mathrm{d}t} \tag{4.12}$$

となる．これを $R(t)$ に関する微分方程式とみなし，$t = 0$ で $R = 1$ という初期条件のもとに解くと，

$$R(t) = \exp\left(-\int_0^t \lambda(t)\,\mathrm{d}t\right) \tag{4.13}$$

が得られる．故障率 $\lambda(t)$ が理論や実験などにより与えられると，信頼度が求められる．また，式 (4.13) を式 (4.6) に代入すると，

$$f(t) = \lambda(t)\exp\left(-\int_0^t \lambda(t)\,\mathrm{d}t\right) \tag{4.14}$$

となり，確率密度関数が得られる．

4.3 構造信頼性工学の基礎

4.3.1 概説

製品の信頼性を高めるうえで，材料の破壊を防止することは重要である．このような材料や構造体の信頼性を対象とする信頼性工学を構造信頼性工学(structural reliability engineering)という．この場合の構造とは，機械や構造物という狭い意味の構造物を指すのではなく，すべての構造体を指している．したがって，橋梁，建物など土木建築構造物の地震や各種荷重に対する破壊や破損現象を対象とする信頼性評価は，まさに構造信頼性工学の範疇である．

構造信頼性工学では，材料強度と荷重の両者を確率変数として扱い，それらの確率分布から破損確率(破壊確率)を求めるという考え方が中心となっている．

材料の破壊は種々の観点から分類できるが，構造信頼性工学では静的破壊と時間依存型破壊に大別して扱うことが多い．静的破壊は，ある大きな荷重の作用によって短時間のうちに生じる破壊である．時間依存型破壊は，長期にわたる荷重の作用によって材料の損傷が徐々に進行していき，ある限界状態に達したときに生じる破壊である．疲労，クリープなどが主なものである．

以下では，主に静的破壊を対象とした構造信頼性工学について述べる．

4.3.2 破壊確率

一般に，構造物の安全性を評価するには，まず耐力 R と荷重作用 S を合理的に定量化しなければならない．そして，確定論的評価であろうと確率論的評価であろ

うと，構造物や部材が作用に対して安全か否かは，式 (1.1) で示した不等式により判断することになる．すなわち，

安全　$R \geq S$ (4.15)

破壊　$R < S$ (4.16)

である．また，当然のことながら，R と S は同一次元でなければならない．

　耐力 R をもつ物体を荷重 S で引っ張った場合，一般には R と S はばらつきがあるため，図 4.3 に示すような確率密度関数 f_R, f_S をもつことになる．

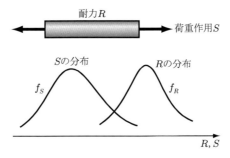

図 4.3　耐力と荷重作用の分布

　そして，信頼性工学あるいは信頼性理論の特徴となっている安全性の評価は，部材や構造物の破壊確率(failure probability)によって定量的に表現される．厳密には，ある作用に対して部材や構造物が所定の限界状態に達する確率であるが，一般的に破壊確率という言葉を使用している．すなわち，構造物や部材の破壊確率 p_f は，次式で表されるような破壊事象となる確率のことである．

$$p_\mathrm{f} = \Pr[R - S \leq 0]$$ (4.17)

では，具体的に破壊確率はどのように表現されるかみてみよう．

(1)　耐力 R と荷重作用 S のいずれかが確定値で与えられ，他方が確率分布で与えられている場合

　たとえば，図 4.4(a) のように，耐力が確定値 $(R = R_0)$ で与えられ，荷重作用が確率変数 S で与えられた場合の破壊確率 p_f は次式のようになる．

$$p_\mathrm{f} = \Pr[R \leq S] = \Pr[R = R_0] \times \Pr[S \geq R_0]$$

$$= 1 \times \int_{R_0}^{\infty} f_S(x)\,\mathrm{d}x = 1 - F_S(R_0)$$ (4.18)

ここで，$f_S(x)$，$F_S(x)$ は荷重作用を表す変数 S の確率密度関数および確率分布関数である．

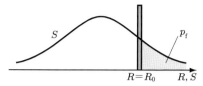
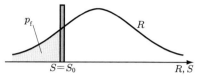

（a）R が確定値，S が確率変数の場合　　（b）R が確率変数，S が確定値の場合

図 4.4 R, S のいずれかが確率変数の場合

同様に，荷重作用 S が確定値 $(S = S_0)$ で，耐力 R が確率変数で与えられた場合の破壊確率 p_f は，次式のように表される（図 (b) 参照）．

$$p_\mathrm{f} = \Pr[R \le S] = \Pr[S = S_0] \times \Pr[R \le S]$$
$$= 1 \times \int_{-\infty}^{S_0} f_R(x)\,\mathrm{d}x = F_R(S_0) \tag{4.19}$$

ここで，$f_R(x)$, $F_R(x)$ は耐力を表す変数 R の確率密度関数および確率分布関数である．

(2) 耐力，荷重作用とも確率変数で表される場合

図 4.5 を参照すると，まず荷重作用 S が $x \le S \le x + \mathrm{d}x$ にあるとし，破壊確率は次式のようになる．

$$p_\mathrm{f} = \Pr[R \le S] = \Pr[x \le S \le x + \mathrm{d}x] \times \int_{-\infty}^{x} f_R(x)\,\mathrm{d}x$$
$$= f_S(x)\,\mathrm{d}x \times F_R(x) \tag{4.20}$$

S は，$-\infty$ から $+\infty$ までとりうるので，求める破壊確率は次式のようになる．

$$p_\mathrm{f} = \int_{-\infty}^{+\infty} F_R(x) f_S(x)\,\mathrm{d}x \tag{4.21}$$

あるいは，図 4.6 を参照し，対称性を考慮すると次式も成り立つ．まず，$x \le R \le x + \mathrm{d}x$ の場合の破壊確率を求めると，次式のようになる．

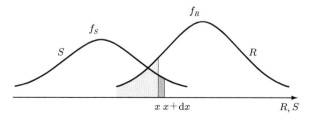

図 4.5 R, S がともに確率変数の場合

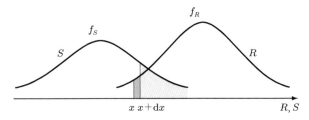

図 4.6　R, S ともに確率変数の場合

$$p_{\mathrm{f}} = \Pr[R \le S] = \Pr[x \le R \le x + \mathrm{d}x] \times \int_x^\infty f_S(x)\,\mathrm{d}x$$
$$= f_R(x)\,\mathrm{d}x(1 - F_S(x)) \tag{4.22}$$

R は，$-\infty$ から $+\infty$ までとりうるので，求める破壊確率は次式のようになる．

$$p_{\mathrm{f}} = \int_{-\infty}^{+\infty} f_R(x)(1 - F_S(x))\,\mathrm{d}x \tag{4.23}$$

　簡単な例として，R と S は互いに独立で，ともに正規分布に従うとすると，破壊確率 p_{f} は次式のようになる．

$$p_{\mathrm{f}} = \Pr[M = R - S < 0] \tag{4.24}$$

M は耐力 R と荷重作用 S との差であるので，安全の余裕ともいう．

　M の平均値 μ_M，および標準偏差 σ_M は，次式のようになる．

$$\mu_M = E[M] = \mu_R - \mu_S \tag{4.25}$$
$$\sigma_M = \sqrt{\sigma_R^2 + \sigma_S^2} \tag{4.26}$$

ここで，μ_R, μ_S は R, S の平均値，σ_R, σ_S は R, S の標準偏差である．

　R と S はともに正規分布に従うので，R と S の線形関数である M も正規分布に従う．よって，正規化された $(M - \mu_M)/\sigma_M$ は標準正規分布に従うので，破壊確率は次式のようになる．

$$p_{\mathrm{f}} = \Phi\left(\frac{0 - \mu_M}{\sigma_M}\right) = \Phi\left(\frac{\mu_S - \mu_R}{\sqrt{\sigma_R^2 + \sigma_S^2}}\right) \tag{4.27}$$

ここで，Φ は標準正規分布 $N(0, 1)$ の確率分布関数である．

4.3.3　安全性指標

　図 4.7 は，安全の余裕を表す $M = R - S$ の確率密度関数を表したものである．$M > 0$ の領域は安全事象を，そして $M < 0$ の領域は破壊事象を表すので，図のグ

レーの部分の面積が破壊確率 p_f に相当する.また,M の平均値 μ_M が M の標準偏差 σ_M を尺度として何倍離れているかを表すパラメータが安全性指標(safety index.あるいは信頼性指標)β であり,$\beta = \mu_M/\sigma_M$ で表される.式 (4.27) から次式が成り立つ.

$$p_f = \Phi\left(-\frac{\mu_M}{\sigma_M}\right) = \Phi(-\beta) \tag{4.28}$$

式 (4.28) は,限界状態式が線形で,かつ,R,S ともに正規分布に従う場合に厳密に成り立つ.

このようにして,求められた安全性指標と破壊確率との関係の一例を表 4.1 に示す.

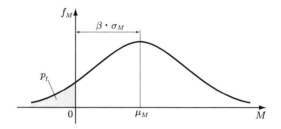

図 4.7 安全の余裕 M の確率密度関数と安全性指標

表 4.1 安全性指標 β と破壊確率 p_f の関係

破壊確率 p_f	0.5	0.16	10^{-2}	10^{-3}	10^{-4}
安全性指標 β	0.0	1.00	2.33	3.10	3.72

4.4 水準Ⅲに基づく安全性検証法

2.4.4 項で三つの安全性検証水準について述べたが,ここでは,水準Ⅲに基づく安全性検証法について述べる.

これまで構造物の安全性を耐力 R と荷重作用 S の 2 変数の大小関係で議論してきたが,一般には,構造設計にかかわる多くの構造変数からなる限界状態式を設定する必要がある.

一般に,構造物の限界状態式は,次式で表されるように,構造物の性能に影響を及ぼす n 個の基本変数 X_i $(i = 1, 2, \cdots, n)$ の関数である.

$$g(X_1, X_2, \cdots, X_n) = 0 \tag{4.29}$$

式 (4.29) は,破壊領域と安全領域との境界を表している.簡単な限界状態式は,2

変数の場合であって，$g(R, S) = R - S = 0$ である．

　限界状態式が式 (4.29) で表現された場合，構造物の信頼性は次式で表される．

$$R = 1 - p_{\mathrm{f}}$$
$$= 1 - \iint_{g(X) \leq 0} \cdots \int f_{X_1 X_2 \cdots X_n}(x_1, x_2, \cdots, x_n) \, \mathrm{d}x_1 \, \mathrm{d}x_2 \cdots \mathrm{d}x_n$$

$$(4.30)$$

ここで，$f_{X_1 X_2 \cdots X_n}(x_1, x_2, \cdots, x_n)$ は，n 個の変数 X_i $(i = 1, 2, \cdots, n)$ の同時確率密度関数で，積分は破壊領域全体 $(g(X) \leq 0)$ にわたって行う．基本変数が互いに独立な場合には，式 (4.30) は次式のようになる．

$$R = 1 - p_{\mathrm{f}}$$
$$= 1 - \iint_{g(X) \leq 0} \cdots \int f_{X_1}(x_1) f_{X_2}(x_2) \cdots f_{X_n}(x_n) \, \mathrm{d}x_1 \, \mathrm{d}x_2 \cdots \mathrm{d}x_n$$

$$(4.31)$$

ここで，$f_{X_i}(x_i)$ は変数 X_i の確率密度関数である．

　多次元空間において，式 (4.31) の意味を理解するのは難しいので，構造変数が 2 変数の場合について図示すると，図 4.8 のようになる．縦軸は変数 X_1，X_2 の同時確率密度関数 $f_{X_1 X_2}(x_1, x_2)$ であり，破壊確率はこの密度関数の立体図形(体積は 1 である)のうち破壊領域，すなわち，X_1，X_2 平面における破壊領域上にある立体図形の一部分の体積に相当する．

　この評価法は理論的に厳密なものであるが，n 個の基本変数の同時確率密度関数を定義するのに十分なデータがなかなか得られないこと，および同時確率密度関数が既知であっても，多重積分を行うのに非常に時間がかかること，などの欠点があ

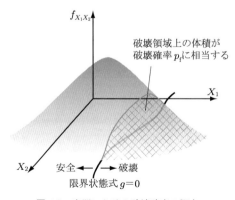

図 4.8　空間における破壊確率の概念

る．これに対し，理論の展開に近似的扱いをし，簡略化を図った水準Ⅱが提案されてきた．

4.5　水準Ⅱに基づく限界状態式の線形化と部分安全係数の設定法

限界状態式を $g(X_1, X_2, \cdots, X_n) = 0$ とする．ただし，各構造変数 $X_1, X_2, \cdots, X_n$ は互いに独立とする．このとき，$g(X_1, X_2, \cdots, X_n) = 0$ を満たす点 $(X_1^*, X_2^*, \cdots, X_n^*)$（すなわち，安全と破壊の境界面上のある点）で限界状態式をテイラー展開し，微分の1次の項までとると次式のようになる．

$$g_0 = g(X_1^*, X_2^*, \cdots, X_n^*) + \sum_{i=1}^{n} \left(\frac{\partial g}{\partial X_i}\right)_{X_i^*} (X_i - X_i^*) = 0 \qquad (4.32)$$

この関数の平均 m_{g_0} と分散 $\sigma_{g_0}^2$ は，それぞれ次式のようになる．

$$m_{g_0} = g(X_1^*, X_2^*, \cdots, X_n^*) + \sum_{i=1}^{n} \left(\frac{\partial g}{\partial X_i}\right)_{X_i^*} (m_i - X_i^*) \qquad (4.33)$$

$$\begin{aligned}
\sigma_{g_0}^2 &= E[(g_0 - E[g_0])^2] \\
&= E\left[\left\{\sum_{i=1}^{n} \left(\frac{\partial g}{\partial X_i}\right)_{X_i^*} (X_i - X_i^*) - \sum_{i=1}^{n} \left(\frac{\partial g}{\partial X_i}\right)_{X_i^*} (m_i - X_i^*)\right\}^2\right] \\
&= E\left[\left\{\sum_{i=1}^{n} \left(\frac{\partial g}{\partial X_i}\right)_{X_i^*} (X_i - m_i)\right\}^2\right] = \sum_{i=1}^{n} \left(\frac{\partial g}{\partial X_i}\right)_{X_i^*}^2 \sigma_i^2 \quad (4.34)
\end{aligned}$$

ここで，m_i, σ_i は変数 X_i の平均値および標準偏差である．

なお，式 (4.33) の右辺の第1項は0である．

ここで，下記のように α_i を定義する．

$$\alpha_i = \left(\frac{\partial g}{\partial X_i}\right)_{X_i^*} \sigma_i \left\{\sum_{j=1}^{n} \left(\left(\frac{\partial g}{\partial X_j}\right)_{X_j^*} \sigma_j\right)^2\right\}^{-1/2} \qquad (4.35)$$

この α_i は，各確率変数 X_i のばらつき σ_i が限界状態のばらつき σ_{g_0} に及ぼす影響を表している．α_i を用いて σ_{g_0} を表すと次式のようになる．

$$\sigma_{g_0} = \sum_{i=1}^{n} \alpha_i \left(\frac{\partial g}{\partial X_i}\right)_{X_i^*} \sigma_i \qquad (4.36)$$

これらの関係を $m_{g_0} - \beta \times \sigma_{g_0} \geq 0$ に代入すると，次式のようになる．

$$\sum_{i=1}^{n} \left(\frac{\partial g}{\partial X_i}\right)_{X_i^*} (m_i - X_i^*) - \beta \times \sum_{i=1}^{n} \alpha_i \left(\frac{\partial g}{\partial X_i}\right)_{X_i^*} \sigma_i \geq 0 \qquad (4.37)$$

$$\sum_{i=1}^{n} \left(\frac{\partial g}{\partial X_i} \right)_{X_i^*} (m_i - X_i^* - \alpha_i \beta \sigma_i) \geq 0 \tag{4.38}$$

式 (4.32) は，限界状態式をある点でテイラー展開して微分の 1 次の項までとったが，これは一般に非線形関数である限界状態式を $(X_1^*, X_2^*, \cdots, X_n^*)$ で線形化したことになる.

式 (4.38) から，線形化点すなわち設計点として，

$$X_i^* = m_i - \alpha_i \beta \sigma_i \qquad (i = 1, 2, 3, \cdots, n) \tag{4.39}$$

を選定すればよいことになる.

変数 X_i の特性値を $X_{ik} = m_i \pm k_i \sigma_i$（"+" は荷重側変数の場合，"−" は耐力側変数の場合）とおき，$X_i^* = \gamma_i X_{ik}$ とおくと，特性値に乗じる部分安全係数 γ_i は，次式のように求められる.

$$\gamma_i = \frac{1 - \alpha_i \beta V_i}{1 \pm k_i V_i}, \quad V_i = \frac{\sigma_i}{m_i} \qquad (V_i \text{ は変数 } X_i \text{ の変動係数}) \tag{4.40}$$

この結果から，部分安全係数 γ_i は，線形化点 X_i^* によって定まること，いいかえれば，その値は限界状態上の特定の点ごとに定まることがわかる. また，α_i は，各確率変数 X_i のばらつき σ_i が限界状態のばらつき σ_{g_0} に影響を及ぼす度合い（寄与率）を表しているが，これは他の基礎変数 X_j の変動によっても影響を受けることになる. ここに示した部分安全係数評価法は，各構造変数の平均値と分散（標準偏差. これは原点まわりの 2 次モーメントである）のみを用いているので，2 次モーメント法ともいう.

水準 I に基づく検証法については，2.3.4 項および 2.3.5 項で述べたのでここでは省略する.

4.6　Hasofer と Lind による安全性指標

限界状態式を線形化し，ある特定の点で安全性評価を行うために，当初，各構造変数の平均値での線形化が試みられた. しかし，その方法では，限界状態式に対して安全性指標 β の普遍性が欠如することが指摘された. これは，数式は異なるが，力学的に同じ現象を表す他の限界状態式に対して，異なる安全性指標が算定され，普遍性が保証されないことを意味している.

たとえば，限界状態式として，$M = R - S$ を考えた場合の安全性指標は，

$$\beta = \frac{\mu_R - \mu_S}{\sqrt{\sigma_R^2 + \sigma_S^2}}$$

である．$M = R - S$ と力学的に同一現象を表すと考えられる限界状態式 $M = \ln(R/S)$ を考えると，安全性指標は

$$\beta' = \frac{\mu_{\ln(R/S)}}{\sigma_{\ln(R/S)}} \approx \frac{\ln \mu_R - \ln \mu_S}{\sqrt{\left(\dfrac{\sigma_R}{\mu_R}\right)^2 + \left(\dfrac{\sigma_S}{\mu_S}\right)^2}}$$

となり，β' は β とは異なる．このため，力学的に同一でも数式の異なる限界状態式に対し，普遍性が認められないことになる．

　この問題の解決のため，1974 年に Hasofer と Lind により安全性指標の考え方が提案された．それによれば，次式により基本変数 X_i を正規化し，新しい変数 $\overline{Z} = (Z_1, Z_2, \cdots, Z_n)$ に変換する．

$$Z_i = \frac{X_i - \mu_{X_i}}{\sigma_{X_i}} \qquad (i = 1, 2, \cdots, n) \tag{4.41}$$

ここで，μ_{X_i}, σ_{X_i} は確率変数 X_i の平均値および標準偏差である．また，$\mu_{Z_i} = 0$, $\sigma_{Z_i} = 1$ $(i = 1, 2, \cdots, n)$ となる．

　式 (4.41) で定義される線形写像により，X 座標軸系の破壊面は，Z 座標系の破壊面に写像される．Z 座標系の破壊面も X 空間の場合と同様に，Z 空間を破壊領域と安全領域とに分けている．$\mu_{Z_i} = 0$, $\sigma_{Z_i} = 1$ $(i = 1, 2, \cdots, n)$ により，新しい Z 座標系は重要な性質，すなわち標準偏差について回転に関する対称性をもつ．このとき，正規化された Z 座標系の原点は，通常は安全領域内にある．図 4.9 は正規化された空間（2 次元）を表している．安全性指標 β は，原点 O から破壊面までの距離 OA に相当する．点 A は破壊面上で定義される設計点にあたり，この β を用いると，β は破壊面には関係するものの，破壊関数には関係しなくなり，普遍性のある安全性指標となる．4.5 節において，限界状態式をある破壊面上のある点でテイラー展開（すなわち線形化した）したが，この点は図 4.9 において点 A に相当するこ

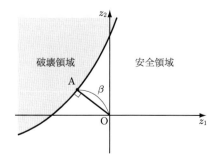

図 4.9　正規化された空間における安全性指標

とになる.

したがって，Hasofer と Lind による安全性指標 β は次式で定式化される.

$$\beta = \min_{z \in \partial \omega} \left(\sum_{i=1}^{n} Z_i^2 \right)^{1/2} \tag{4.42}$$

ここで，$\partial \omega$ は Z 座標系における破壊面である.

式 (4.39) により，破壊曲面上の線形化点が決定できる. また，式 (4.41) による正規化はつねに可能な操作である. 関係式 $m_{g_0} - \beta \times \sigma_{g_0} = 0$ に正規化の操作を導入すると次式のようになる.

$$\frac{m_g}{\sigma_g} = \frac{\sum\limits_{i=1}^{n} \dfrac{\partial g}{\partial X_i}(m_i - X_i^*)}{\left\{ \sum\limits_{i=1}^{n} \left(\dfrac{\partial g}{\partial X_i} \sigma_i \right)^2 \right\}^{1/2}} = \frac{\sum\limits_{i=1}^{n} \dfrac{\partial g}{\partial Z_i}\dfrac{\partial Z_i}{\partial X_i}(m_i - X_i^*)}{\left\{ \sum\limits_{i=1}^{n} \left(\dfrac{\partial g}{\partial Z_i}\dfrac{\partial Z_i}{\partial X_i} \sigma_i \right)^2 \right\}^{1/2}}$$

$$= \frac{\sum\limits_{i=1}^{n} \dfrac{\partial g}{\partial Z_i}\dfrac{m_i - X_i^*}{\sigma_i}}{\left\{ \sum\limits_{i=1}^{n} \left(\dfrac{\partial g}{\partial Z_i} \right)^2 \right\}^{1/2}} = \frac{\sum\limits_{i=1}^{n} \dfrac{\partial g}{\partial Z_i}(-Z_i^*)}{\left\{ \sum\limits_{i=1}^{n} \left(\dfrac{\partial g}{\partial Z_i} \right)^2 \right\}^{1/2}} \tag{4.43}$$

$m_{g_0} - \beta \times \sigma_{g_0} = 0$ は次式のようになる.

$$\frac{\sum\limits_{i=1}^{n} -\dfrac{\partial g}{\partial Z_i} Z_i^*}{\left\{ \sum\limits_{i=1}^{n} \left(\dfrac{\partial g}{\partial Z_i} \right)^2 \right\}^{1/2}} - \beta = 0 \tag{4.44}$$

一般に，原点からの距離が d で，その方向余弦が l, m, n となる平面は，$lx + my + nz = d$ と表示することができる. すなわち，Z 空間で，原点からの距離が β で，その方向余弦が $\cos \theta_i$ となる平面は，

$$\sum \cos \theta_i \cdot Z_i - \beta = 0 \tag{4.45}$$

であるので，

$$-\cos \theta_i = \frac{\dfrac{\partial g}{\partial Z_i}}{\left\{ \sum \left(\dfrac{\partial g}{\partial Z_i} \right)^2 \right\}^{1/2}} = \alpha_i \tag{4.46}$$

となる. 式 (4.35) で定義した α_i は，正規化された空間において方向余弦に相当することがわかる.

4.7 基本変数に相関がある場合の安全性検証法

これまでは，基本変数は互いに独立，すなわち相関がないものとして扱ってきた．しかし，構造変数間にはコンクリートの各種強度のようにお互いに相関のある変数もあり，その影響を考慮しなければならない場合もある．

4.7.1 相関の概念

二つの確率変数 X_1 と X_2 の期待値を $E[X_1] = \mu_{X_1}$，$E[X_2] = \mu_{X_2}$ とする．次式で定義されるモーメントを X_1 と X_2 の共分散(covariance)という．

$$Cov[X_1, X_2] = E[(X_1 - \mu_{X_1})(X_2 - \mu_{X_2})] \tag{4.47}$$

X_1 と X_2 の標準偏差をそれぞれ σ_{X_1}，σ_{X_2} とすると，次式のように表せる．

$$\rho_{X_1, X_2} = \frac{Cov[X_1, X_2]}{\sigma_{X_1} \sigma_{X_2}} \tag{4.48}$$

式 (4.48) で定義される ρ_{X_1, X_2} を X_1, X_2 の相関係数という．

相関係数は二つの確率変数の線形的関係の尺度を表し，-1 から $+1$ までの値をとる．相関係数が 0 の状態を無相関という．また，次式の関係がある．

$$\begin{aligned} Cov[X_1, X_2] &= E[(X_1 - \mu_{X_1})(X_2 - \mu_{X_2})] \\ &= E[X_1 X_2] - E[X_1]E[X_2] \end{aligned} \tag{4.49}$$

したがって，相関のない確率変数については次式が成り立つ．

$$E[X_1 X_2] = E[X_1]E[X_2] \tag{4.50}$$

独立な確率変数の間には相関がないが，無相関な二つの確率変数は必ずしも独立ではない．

同一変数間の共分散は，その変数の分散のことである．すなわち，次式のようになる．

$$Cov[X_i, X_i] = Var[X_i] \tag{4.51}$$

したがって，確率変数 $X_1, X_2, \cdots, X_n$ の相互の相関性は次式で定義される．

$$\overline{\overline{C}} = \begin{bmatrix} Var[X_1] & Cov[X_1, X_2] & \cdots & Cov[X_1, X_n] \\ Cov[X_2, X_1] & Var[X_2] & \cdots & Cov[X_2, X_n] \\ \vdots & \vdots & \ddots & \vdots \\ Cov[X_n, X_1] & Cov[X_n, X_2] & \cdots & Var[X_n] \end{bmatrix} \tag{4.52}$$

この $\overline{\overline{C}}$ を共分散行列（covariance matrix）という.

2 変数 X_1, X_2 の線形和からなる確率変数 $Y = aX_1 + bX_2$（a, b は定数）の分散は，両変数の相関を考慮すると次式のようになる.

$$\begin{aligned}
Var[Y] &= E[(Y - \overline{Y})^2] = E\left[\{(aX_1 + bX_2) - (a\overline{X_1} + b\overline{X_2})\}^2\right] \\
&= E\left[\{a(X_1 - \overline{X_1}) + b(X_2 - \overline{X_2})\}^2\right] \\
&= E[a^2(X_1 - \overline{X_1})^2] + E[b^2(X_2 - \overline{X_2})^2] \\
&\quad + E[2ab(X_1 - \overline{X_1})(X_2 - \overline{X_2})] \\
&= a^2\, Var[X_1] + b^2\, Var[X_2] + 2ab\, Cov[X_1, X_2]
\end{aligned} \tag{4.53}$$

ここで，$\overline{Y}$ は Y の平均を表す.

さらに，次式のような n 個の線形関係で表される確率変数 Y の平均値や分散は次式のようになる.

$$Y = a_0 + a_1 X_1 + a_2 X_2 + \cdots + a_n X_n \tag{4.54}$$

$$E[Y] = a_0 + \sum_{i=1}^{n} a_i E[X_i] \tag{4.55}$$

$$Var[Y] = \sum_{i=1}^{n} a_i^2\, Var[X_i] + \sum_{i \neq j}^{n} \sum_{}^{n} a_i a_j\, Cov[X_i, X_j] \tag{4.56}$$

また，確率変数 Y_1 と Y_2 が次式のように $X_1, X_2, \cdots, X_n$ の線形関数であるとする.

$$Y_1 = \sum_{i=1}^{n} a_i X_i \tag{4.57}$$

$$Y_2 = \sum_{i=1}^{n} b_i X_i \tag{4.58}$$

このとき，両変数の共分散は次式のようになる.

$$Cov[Y_1, Y_2] = \sum_{i=1}^{n} a_i b_i\, Var[X_i] + \sum_{i=1}^{n} \sum_{i \neq j}^{n} a_i b_j\, Cov[X_i, X_j] \tag{4.59}$$

4.7.2　相関のある基本変数の扱い

確率変数の組 $\overline{X} = (X_1, X_2, \cdots, X_n)$ について考える. 各変数の分散や共分散は，式 (4.52) で表される共分散行列（$\overline{\overline{C}}_{\overline{X}}$ とする）で表すことができる.

ここで，$X_1, X_2, \cdots, X_n$ の線形関数で表され，その共分散行列が次式で示される対角行列となる新しい変数 $\overline{Y} = (Y_1, Y_2, \cdots, Y_n)$ を求める方法を考える.

$$\overline{\overline{C}}_{\overline{Y}} = \begin{bmatrix} Var[Y_1] & 0 & \cdots & 0 \\ 0 & Var[Y_2] & \cdots & 0 \\ \vdots & \vdots & \ddots & \vdots \\ 0 & 0 & \cdots & Var[Y_n] \end{bmatrix} \tag{4.60}$$

線形代数でよく知られている定理を用いると，相関のない変数の組を以下の変換によって求めることができる．

$$\overline{Y} = \overline{\overline{A}}^T \overline{X} \tag{4.61}$$

ここで，$\overline{\overline{A}}$ は各列ベクトルが $\overline{\overline{C}}_{\overline{X}}$ の正規直交固有ベクトルに等しい直交行列である．

この変換により，

$$E[\overline{Y}] = \overline{\overline{A}}^T E[\overline{X}] \tag{4.62}$$

ここで，$E[\overline{Y}] = (E[Y_1], E[Y_2], \cdots, E[Y_n])$，$E[\overline{X}] = (E[X_1], E[X_2], \cdots, E[X_n])$ であり，

$$\overline{\overline{C}}_{\overline{Y}} = \overline{\overline{A}}^T \overline{\overline{C}}_{\overline{X}} \overline{\overline{A}} \tag{4.63}$$

である．$\overline{\overline{C}}_{\overline{Y}}$ の対角要素，すなわち $Var[Y_i]$ $(i = 1, 2, \cdots, n)$ は $\overline{\overline{C}}_{\overline{X}}$ の固有値に等しい．

相互に相関のある確率変数が，上記の変換により相関のない変数に変われば，4.6 節で示した方法を適用できることになる．すなわち，基本変数 $\overline{X} = (X_1, X_2, \cdots, X_n)$ に相関があれば，相関のない変数 $\overline{Y} = (Y_1, Y_2, \cdots, Y_n)$ に変換し，さらにこれを正規化された変数 $\overline{Z} = (Z_1, Z_2, \cdots, Z_n)$ に変換すればよい．正規化された空間において，原点と破壊曲面までの距離が安全性指数 β となる．すなわち，次の順に従って変数変換すればよい．

相関のある変数 X_i → 相関のない変数 Y_i → 正規化された変数 Z_i

例題 4.1　2 変数の平均値ベクトルが $(2, 3)$，共分散行列が $\begin{bmatrix} 3 & 1 \\ 1 & 3 \end{bmatrix}$ で表せる相関のある二つの確率変数 X_1，X_2 について，上記の変換をせよ．

解　2 変数の平均値ベクトルを

$$E[\overline{X}] = (E[X_1], E[X_2]) = (2, 3)$$

とし，共分散行列を

$$\overline{\overline{C}}_{\overline{X}} = \begin{bmatrix} Var[X_1] & Cov[X_1, X_2] \\ Cov[X_2, X_1] & Var[X_2] \end{bmatrix} = \begin{bmatrix} 3 & 1 \\ 1 & 3 \end{bmatrix}$$

である．このときの $\overline{\overline{C}}_{\overline{X}}$ の特性方程式は，$(3 - \lambda)^2 - 1 = 0$ となる．

　この方程式の根は，$\lambda_1 = 2$，$\lambda_2 = 4$ である．これらに対応する正規直交固有ベクトル $\overline{v}_1$，$\overline{v}_2$ は次式から決定される．

$$\begin{bmatrix} 1 & 1 \\ 1 & 1 \end{bmatrix} \overline{v}_1 = \begin{bmatrix} 0 \\ 0 \end{bmatrix}, \quad \begin{bmatrix} -1 & 1 \\ 1 & -1 \end{bmatrix} \overline{v}_2 = \begin{bmatrix} 0 \\ 0 \end{bmatrix}$$

よって，

$$\overline{v}_1 = \frac{\sqrt{2}}{2}(1, -1), \quad \overline{v}_2 = \frac{\sqrt{2}}{2}(1, 1)$$

となり，変換行列 $\overline{\overline{A}}$ は次式より得られる．

$$\overline{\overline{A}} = \frac{\sqrt{2}}{2} \begin{bmatrix} 1 & 1 \\ -1 & 1 \end{bmatrix}$$

相関のない新しい確率変数 $\overline{Y} = (Y_1, Y_2)$ は，

$$\begin{bmatrix} Y_1 \\ Y_2 \end{bmatrix} = \frac{\sqrt{2}}{2} \begin{bmatrix} 1 & -1 \\ 1 & 1 \end{bmatrix} \begin{bmatrix} X_1 \\ X_2 \end{bmatrix}$$

あるいは，次式となる．

$$Y_1 = \frac{\sqrt{2}}{2}(X_1 - X_2), \quad Y_2 = \frac{\sqrt{2}}{2}(X_1 + X_2)$$

　新しい変数の期待値は，

$$E[Y_1] = \frac{\sqrt{2}}{2}(2 - 3) = -\frac{\sqrt{2}}{2}, \quad E[Y_2] = \frac{\sqrt{2}}{2}(2 + 3) = \frac{5}{2}\sqrt{2}$$

となり，共分散行列は，

$$\overline{\overline{C}}_{\overline{Y}} = \begin{bmatrix} \lambda_1 & 0 \\ 0 & \lambda_2 \end{bmatrix} = \begin{bmatrix} 2 & 0 \\ 0 & 4 \end{bmatrix}$$

となる．なお，共分散行列は次式からも算定できる．

$$\overline{\overline{C}}_{\overline{Y}} = \overline{\overline{A}}^T \overline{\overline{C}}_{\overline{X}} \overline{\overline{A}} = \frac{\sqrt{2}}{2} \begin{bmatrix} 1 & -1 \\ 1 & 1 \end{bmatrix} \begin{bmatrix} 3 & 1 \\ 1 & 3 \end{bmatrix} \frac{\sqrt{2}}{2} \begin{bmatrix} 1 & 1 \\ -1 & 1 \end{bmatrix} = \begin{bmatrix} 2 & 0 \\ 0 & 4 \end{bmatrix}$$

演習問題

4.1 次のように耐力 R と作用荷重 S の確率密度関数が与えられたとき，破壊確率 p_f を求めよ．

$$f_R(r) = \begin{cases} 0.2 & (18 \leq r \leq 23) \\ 0 & (その他) \end{cases}$$

$$f_S(s) = \begin{cases} 0.1 & (10 \leq s \leq 20) \\ 0 & (その他) \end{cases}$$

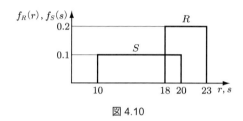

図 4.10

4.2 次のように耐力 R と荷重作用 S が与えられたとき，破壊確率 p_f を求めよ．

$$R \; : \; N(15,\, 3^2)$$
$$S \; : \; N(10,\, 5^2)$$

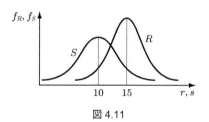

図 4.11

4.3 R, S ともに正規分布に従う確率変数で，R は平均値 μ_R，変動係数 10％とし，S は平均値 100，変動係数 30％とする．R の平均値 μ_R を $100 \leq \mu_R \leq 200$ の範囲で変化させるとき，μ_R と破壊確率 p_f の関係を図示せよ．

4.4 R, S ともに正規分布に従う確率変数で，R は平均値 μ_R，変動係数 20％とし，S は平均値 100，変動係数 50％とする．破壊確率 p_f を 10^{-3} 程度にするためには，R の平均値 μ_R をどのくらいの値に設定すべきか求めよ．

4.5 R, S ともに正規分布に従う確率変数で，R は平均値 μ_R，変動係数 5％とし，S は平均値 100，変動係数 5％とする．破壊確率 p_f を 10^{-3} 程度にするためには，R の平均値 μ_R をどのくらいの値に設定すべきか求めよ．

4.6　図 4.12 のように，スパン 20 m の単純ばりの中央に集中荷重 $P = 100$ kN が作用している．次の(1)〜(3)の各問いに答えよ．

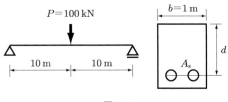

図 4.12

(1)　スパン中央断面の作用曲げモーメントを求めよ．

(2)　図のような単鉄筋断面の鉄筋コンクリートはりを設計したい．鉄筋コンクリート断面の有効高さ d，および引張鉄筋量(本数)を定めよ．ただし，引張鉄筋比 p_t は，つり合い鉄筋比 p_b の 10 ％程度とすること．このとき，仮定した事項を明確にし，部分安全係数はすべて 1.0 としてよい．なお，使用材料は次のとおりとする．

● コンクリート：設計基準強度 $f_c' = 30$ N/mm^2
● 引張鉄筋：SD345（降伏強度 $f_{yd} = 345$ N/mm^2）

(3)　作用荷重 P は，平均値 100 kN，変動係数 20 ％の正規分布に従う確率変数とする．また，曲げ耐力 R は，変動係数 10 ％の正規分布に従う確率変数とする．曲げに対する破壊確率 p_f を 10^{-3} 以下としたい場合，部材断面の曲げ耐力 R の平均値をいくらにすればよいか．また，そのときの断面諸量(有効高さ d，鉄筋量 A_s)を定めよ．このとき，仮定した事項を明確にし，部分安全係数はすべて 1.0 としてよい．

4.7　図 4.13 のような断面をもち，高さ $h = 5$ m の RC 柱がある．柱頂部に水平方向に荷重 P が作用する場合を考える．荷重 P は平均値 200 kN，標準偏差 40 kN の正規分布とする．各問いに答えよ．

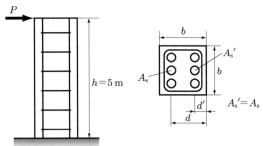

図 4.13

(1)　曲げに対する破壊確率 p_{f_b} を 10^{-2} 以下としたいとき，断面諸元(b, A_s)を定めよ．ただし，曲げ耐力は変動係数 10 ％で，正規分布をするものとする．また，引張鉄筋比 p_t，および圧縮鉄筋比 p_c は，つり合い鉄筋比 p_b の 10 ％程度とする．このとき，仮定

した事項を明確にし，部分安全係数はすべて 1.0 とする．使用材料は以下のとおりとする．

- コンクリート：設計基準強度 $f'_c = 30$ N/mm^2
- 鉄筋：D32 (SD345 (降伏強度 $f_{yd} = 345$ N/mm^2，ヤング率 $E_s = 2.0 \times 10^5$ N/mm^2))

(2) さらに，せん断に対する破壊確率 p_{f_s} を 10^{-3} 以下としたいとき，帯鉄筋量(本数，間隔)を定めよ．ただし，せん断耐力 V は変動係数 20% で，正規分布をするものとする．断面の諸元は(1)で定めたものを使用し，使用材料は以下のとおりとする．このとき，仮定した事項を明確にし，部分安全係数はすべて 1.0 とする．

- コンクリート：設計基準強度 $f'_c = 30$ N/mm^2
- 帯鉄筋：SD345 (降伏強度 $f_{yd} = 345$ N/mm^2)

第5章
複数の限界状態に対する構造系信頼性評価法

　構造物の信頼性設計は，さまざまな不確定要因のもとで，構造物の供用期間中に生じるひび割れや破壊など構造物にとって不都合な現象を，どの程度の発生確率に収めたらよいか，という概念に基づいている．すなわち，不都合な事象の発生確率（以下，破壊確率という）をある目標とする値（以下，目標破壊確率という）以下にすることにより，安全性を保証しようとする方法である．これにより，構造物の安全性は，破壊確率という定量的共通尺度でもって評価することが可能となる．

　信頼性に基づいた設計であっても，考慮されている限界状態はもっとも起こりやすいある一つの限界状態を対象としている場合が多い．たとえば，曲げ破壊先行型のRC橋脚において，曲げ耐力に達するときのせん断力を上回るせん断耐力をRC橋脚に与えることにより，せん断力に対する検証は行わずに，曲げ破壊に対してのみ安全性検証を行えばよい，とする考え方である．このような場合，曲げ破壊先行型のRC橋脚の破壊確率は，橋脚のもつせん断耐力の大きさの影響をまったく受けないものと仮定されている．しかし，たとえば，せん断耐力と曲げ耐力との比（以下，耐力比という）は橋脚のもつ変形性能と大きな相関関係をもち，耐力比が1.0以上であっても1.0に近いと脆性的な破壊を起こしたり，大きな変形性能を示さないなど望ましくない挙動や破壊形態が現れたりする．また，曲げやせん断に対する耐力算定式のもつモデルの不確実性の大小により，耐力比の値によっては，橋脚の破壊確率に大きな影響を与えることになる．

　このように，複数の限界状態によって構成される破壊事象をある一つの限界状態によって代表させることは，危険側の評価となることもあり，たとえ，その限界状態に対して目標破壊確率を満たす設計を行ったとしても，構造系としては所定の安全性を満たしていないことになる．

　したがって，基本的には複数の限界状態が考えられる場合には，それらの変数間の相関を適切に評価し，それにより構成される破壊事象の破壊確率を算定しなければならない．本章では，構造系の破壊確率の評価法を示し，さらに近似法ではあるが，計算が簡便で実用上精度がよい，複数の限界状態を同時に考慮した構造系の安全性評価法を説明する．

5.1 構造系の破壊確率

設計対象とする構造系がただ一つの限界状態をもつ場合には，Rosenblatt 変換などの手法を援用することにより，その安全性を評価することができる．しかし，一般に扱う構造設計の問題では，設計対象構造物は複数の限界状態をもつ．

構造系の破壊確率の算定においては，各限界状態間の相関を適切に考慮する必要がある．一般に，これらは各限界状態関数の幾何学的関係や経験的に定められた従属関係を示すパラメータなどを導入することにより近似される．

いま，構造系に m 個の限界状態（破壊モード）が存在し，各破壊事象を E_i $(i = 1, 2, \cdots, m)$ とすると，構造系全体の破壊確率 p_f は，

$$p_\mathrm{f} = \Pr[E_1 \cup E_2 \cup \cdots \cup E_m] \tag{5.1}$$

と表せる．

このとき，各破壊モード間は共通の確率変数をもつことになり，相関が生じる．そこで結合確率を考慮した次式を用いることにより，構造系の破壊確率を算定できる．

$$\begin{aligned}
p_\mathrm{f} = \sum_{i=1}^{m} \Pr(E_i) - \sum_{\alpha < i \leq m}^{m} \Pr[E_i \cap E_j] \\
+ \sum_{\alpha < i < j < k \leq m}^{m} \Pr[E_i \cap E_j \cap E_k] - \cdots - \Pr[E_1 \cap E_2 \cap \cdots \cap E_m]
\end{aligned} \tag{5.2}$$

しかし結合確率の算定は，前述したように限界状態関数間の相関を評価しなければならず，当然それらは高次になるほど困難になる．そこで，以下に示すような近似的な手法が提案されている．

5.1.1 単モード限界

式 (5.2) に対し，各限界状態が正の相関をもつとき，各破壊モードの破壊確率を p_{f_i} と表すと，次の関係が成り立つ．

- E_i と E_j が完全相関のとき

$$\Pr[E_i \mid E_j] = \frac{\Pr[E_i \cap E_j]}{\Pr(E_j)} = \frac{\Pr(E_i)}{\Pr(E_j)} \quad \text{or} \quad 1.0 \tag{5.3}$$

- E_i と E_j が独立のとき

$$\Pr[E_i \cap E_j] = \Pr(E_i) \tag{5.4}$$

したがって，

$$\Pr(E_i)\Pr(E_j) \le \Pr[E_i \mid E_j] \le \min(\Pr(E_i), \Pr(E_j)) \tag{5.5}$$

余事象の場合は，

$$\Pr(\overline{E_i})\Pr(\overline{E_j}) \le \Pr[\overline{E_i} \mid \overline{E_j}] \le \min(\Pr(\overline{E_i}), \Pr(\overline{E_j})) \tag{5.6}$$

一般化すると，

$$\prod_{i=1}^{m}\Pr(\overline{E_i}) \le \Pr[\overline{E_1}\,\overline{E_2}\cdots\overline{E_m}] \le \min(\Pr(\overline{E_i})) \tag{5.7}$$

となる．よって，構造系の信頼度 $p_{\mathrm{s}} = \Pr[\overline{E_1}\,\overline{E_2}\cdots\overline{E_m}]$ の範囲は，

$$\prod_{i=1}^{m}\Pr(\overline{E_i}) \le p_{\mathrm{s}} \le \min(\Pr(\overline{E_i})) \tag{5.8}$$

これを変形して，

$$1 - \min(\Pr(\overline{E_i})) \le 1 - p_{\mathrm{s}} \le 1 - \prod_{i=1}^{m}\Pr(\overline{E_i}) \tag{5.9}$$

となる．したがって，破壊確率は p_{f} は，上下限値を用いて，次式で表すことができる．

$$\max_i p_{\mathrm{f}_i} \le p_{\mathrm{f}} \le 1 - \prod_{i=1}^{m}(1 - p_{\mathrm{f}_i}) \tag{5.10}$$

さらに，破壊確率が小さければ，式 (5.10) の右辺は次式のように近似される．

$$1 - \prod_{i=1}^{m}(1 - p_{\mathrm{f}_i}) \cong \sum_{i=1}^{m} p_{\mathrm{f}_i} \tag{5.11}$$

　式 (5.10) の上下限値の開きは，明らかに生起する可能性のある限界状態式の数，および個々の限界状態式から計算される破壊確率の相対的な大きさに左右される．たとえば，設計対象構造系において，支配的な限界状態が存在する場合には，構造系の破壊確率はその限界状態に支配され，結果として，上下限の範囲もまた狭まる．しかし，通常の設計問題から算定される構造系の破壊確率の上下限はかけ離れる場合が多く，構造系の破壊確率に影響を与える限界状態の数が多いととくにその状態は顕著となる．

5.1.2　Ditlevsen の限界値

　式 (5.2) に対し，二次までの結合確率のみを考慮すると，その上下限値は，独立と完全相関の仮定から，次式で表すことができる．

$$p_{\mathrm{f}_1} + \max\left\{\sum_{i=2}^{m}\left(p_{\mathrm{f}_i} - \sum_{j=1}^{i-1}\Pr[E_i E_j]\right), 0\right\} \le p_{\mathrm{f}} \le \sum_{i=1}^{m}p_{\mathrm{f}_i} - \sum_{i=2}^{m}\max_{j<i}\Pr[E_i E_j]$$

$$(5.12)$$

ここで，$\Pr[E_i E_j]$ は事象 E_i と E_j の結合確率である．Ditlevsen は，この結合確率を正規分布変数に限定して，次のような上下限値を提案した．

図 5.1 において，限界状態方程式 $g_i(X)$，$g_j(X)$ で定義される二つの可能な破壊領域 E_i，E_j を考える．このとき，$g_i(X) = 0$ と $g_j(X) = 0$ がなす角 θ の余弦が相関係数 ρ_{ij} であり，図に関し，次の関係式が導かれる．ただし，破壊領域 E_i，E_j は，$\Pr(E_i) \ge \Pr(E_j)$ を $j > i$ において満たすと仮定する．

$$\cos\theta = \rho_{ij} \tag{5.13}$$

$$a = \frac{\beta_j - \rho_{ij}\beta_i}{\sqrt{1 - \rho_{ij}^2}} \tag{5.14}$$

$$b = \frac{\beta_i - \rho_{ij}\beta_j}{\sqrt{1 - \rho_{ij}^2}} \tag{5.15}$$

結合破壊事象 $E_i E_j$ は，図の色のついた領域である．明らかに，$E_i E_j \supset A$ かつ $E_i E_j \supset B$ であるから，結合確率に関して次式の上下限値を得る．ここで，A，B は図に定義した領域である．

$$\max(\Pr(A), \Pr(B)) \le \Pr[E_i E_j] \le \Pr(A) + \Pr(B) \tag{5.16}$$

ここで，直交性により，

$$\Pr(A) = \Phi(-\beta_i) \cdot \Phi(-a) = \Phi(-\beta_i) \cdot \Phi\left(-\frac{\beta_j - \rho_{ij}\beta_i}{\sqrt{1 - \rho_{ij}^2}}\right) \tag{5.17}$$

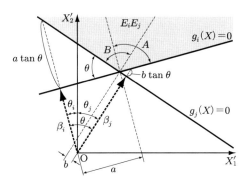

図 5.1　Ditlevsen の限界値（正相関のある破壊事象の場合）

$$\Pr(B) = \Phi(-\beta_j) \cdot \Phi(-b) = \Phi(-\beta_j) \cdot \Phi\left(-\frac{\beta_i - \rho_{ij}\beta_j}{\sqrt{1-\rho_{ij}^2}}\right) \tag{5.18}$$

となり，これより，式 (5.12) において，左辺に対しては，

$$\Pr[E_i E_j] = \Pr(A) + \Pr(B) \tag{5.19}$$

右辺に対しては，

$$\Pr[E_i E_j] = \max(\Pr(A), \Pr(B)) \tag{5.20}$$

を用いることにより，構造系としての破壊確率を近似することができる．この場合，Ditlevsen の限界値の範囲は，単モード限界で得られる破壊確率の値が小さいほど改善される．たとえば，単モード限界で得られる破壊確率が 10^{-4} のオーダーならば，上下限値を非常に狭くすることができる．しかし，各限界状態から計算される破壊確率の値が 10^{-2} のオーダーにあると，Ditlevsen の限界値から計算される構造系の破壊確率の上下限値は，かなり広がることになる．

5.1.3　PNET 法

Ang らは，式 (5.10) で示される単モード限界値の下限値を改良した確率的ネットワーク評価手法(probabilistic network evaluation technique：PNET 法)を提案した．この手法は，ある相関係数 ρ_0 に対し，$\rho_{ij} \geq \rho_0$ であるものは完全相関と近似し，その中の最大の破壊確率をもつ事象で代表させる．さらに，$\rho_{ij} < \rho_0$ であるものは独立であると近似すると，構造系の破壊確率は次式で近似される．

$$\Pr(E) \cong 1 - \prod_{\text{all } i} \Pr(\overline{E_i}) \tag{5.21}$$

これは，複数の事象を相関の高いいくつかのグループに分け，各グループ間は独立と近似して全体の破壊確率を求めたことに相当する．

PNET 法の結果は，当然あらかじめ設定する相関係数 ρ_0 の値に左右され，いかなる ρ_0 の値が適当であるのかは，個々の設計対象構造系ごとの信頼性レベルに依存する．たとえば，各限界状態の破壊確率 $\Pr(E_i)$ が 10^{-1} のオーダーでは，$\rho_0 = 0.5$ を用いて十分な結果が得られ，同様に，$\Pr(E_i)$ が 10^{-3} のオーダーでは $\rho_0 = 0.7$，10^{-4} のオーダーでは $\rho_0 = 0.8$ とすることで，構造系の破壊確率を精度よく近似できることが示されている．この PNET 法は，簡便に構造系の信頼性評価を行うことができる近似法の一つであるが，相関係数 ρ_0 の設定のあいまいさや，その設定によっては，Ditlevsen の限界値の上限値よりも大きい破壊確率を与えるなど，過度に安全側の結果をもたらすことがある．

5.2　複数の限界状態に対する構造系信頼性評価法の基本式

式 (5.2) に示したように，構造系としての破壊確率の精度を向上させていくためには，各限界状態間の相関を適切に考慮し，その結合確率を評価していかなければならない．さらに，4.5 節で示した 2 次モーメント法に代表されるレベル II の手法を基にして構造系の破壊確率を算定するのであるから，その計算法は簡便なものであることが望まれる．そこでここでは，Ditlevsen の限界値により高次の結合事象を考慮した改良を加え，構造系の破壊確率を限界状態間の相関を適切に考慮した評価手法を示す．その計算過程においては，数値積分のようなものは一切用いない．また，限界状態関数の非線形性やそれを構成する確率変数が，耐力項では，相関性のある正規分布変数，対数正規分布変数の場合にも，また外力項では，非相関非正規変数の場合にも適用可能なものである．そして，例題を通し，提案する構造系の破壊確率算定手法は，5.1 節に示した既往の研究に比べ，限界状態関数間の相関の程度や，破壊確率の大きさなどに左右されずに安全性評価が可能であり，設計対象構造系において生起すると予想される複数の限界状態に対し，その限界状態到達確率を精度よく算定できることを示す．

構造系破壊確率算定のための基本式を誘導するにあたり，まず，四つの事象 E_1, E_2, E_3, E_4 で構成される破壊事象 E について考える．それぞれの事象は $\Pr(E_1) \geq \Pr(E_2) \geq \Pr(E_3) \geq \Pr(E_4)$ を満たし，$\Pr(E_i)$ は事象 E_i の破壊確率を表す．そして，図 5.2 こ示すように，各事象間はそれぞれ相関を有している．このとき，破壊事象 E は次式のように分解することができる．

$$E = E_1 \cup E_2 \cup E_3 \cup E_4$$
$$= E_1 \cup E_2\overline{E_1} \cup E_3(\overline{E_2E_1}) \cup E_4(\overline{E_3E_2E_1}) \tag{5.22}$$

ここで，$\overline{E_i}$ は E_i の補集合である．さらに，事象 E_4 は，

$$E_4 = E_4(E_1 \cup E_2 \cup E_3) \cup E_4(\overline{E_1} \cap \overline{E_2} \cap \overline{E_3}) \tag{5.23}$$

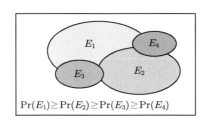

図 5.2　複数の事象により構成される破壊事象

$$\Pr(E_4) = \Pr[E_4(E_1 \cup E_2 \cup E_3)] + \Pr[E_4(\overline{E_1}\, \overline{E_2}\, \overline{E_3})] \tag{5.24}$$

であり，ゆえに，次式のように表せる．

$$\Pr[E_4(\overline{E_1}\, \overline{E_2}\, \overline{E_3})] = \Pr(E_4) - \Pr[E_4E_1 \cup E_4E_2 \cup E_4E_3] \tag{5.25}$$

$$\Pr[E_4E_1 \cup E_4E_2 \cup E_4E_3] = \Pr[E_4E_1] + \Pr[E_4E_2] + \Pr[E_4E_3]$$
$$- \Pr[E_4E_1 \cap E_4E_2] - \Pr[E_4E_2 \cap E_4E_3] - \Pr[E_4E_3 \cap E_4E_1]$$
$$+ 高次項 \tag{5.26}$$

ここで，式 (5.26) にある高次項とは，3 次もしくはそれ以上の破壊事象による積事象で表される結合確率であり，他の項に比べてオーダーが無視できるほど小さいものである．そして，$\Pr[E_4E_1 \cup E_4E_2]$ などで表される積事象どうしの結合確率がDitlevsen の限界値では考慮されていなかった項である．

次に，式 (5.26) をもとに任意の事象数 k に対して一般化する．式 (5.26) より，

$$C_4 = \Pr[E_4(\overline{E_1}\, \overline{E_2}\, \overline{E_3})]$$
$$= \Pr(E_4) - \sum_{i=1}^{3} \Pr[E_4E_i] + \sum_{\substack{m=1,2 \\ n>m}} \sum_{n=2,3} \Pr[E_4E_m \cap E_4E_n] \tag{5.27}$$

$$C_3 = \Pr[E_3(\overline{E_1}\, \overline{E_2})] = \Pr(E_3) - \sum_{i=1}^{2} \Pr[E_3E_i] + \Pr[E_3E_1 \cap E_3E_2] \tag{5.28}$$

$$C_2 = \Pr[E_2\overline{E_1}] = \Pr(E_2) - \Pr[E_2E_1] \tag{5.29}$$

$$C_1 = \Pr(E_1) \tag{5.30}$$

となる．したがって，四つの破壊事象をもつ構造系の破壊確率は，

$$\Pr(E) = C_1 + C_2 + C_3 + C_4 = \sum_{i=1}^{4} C_i \tag{5.31}$$

と表せ，一般形として次式を得る．

$$C_1 = \Pr(E_1) \tag{5.32}$$

$$C_2 = \Pr(E_2) - \Pr[E_2E_1] \tag{5.33}$$

$$C_k = \Pr(E_k) - \sum_{i=1}^{k-1} \Pr[E_kE_i] + \sum_{\substack{m=1,k-2 \\ n=2,k-1}}^{m<n} \Pr[E_kE_m \cap E_kE_n] \quad (k>2) \tag{5.34}$$

$$\Pr(E) = \sum_{i=1}^{k} C_i \tag{5.35}$$

式 (5.35) を用いることによって，破壊事象を k 個もつ構造系としての破壊確率を算定することができる.

　この計算には，三つの破壊確率の形が存在する．一つは $\Pr(E_k)$ で，これは破壊事象 E_k そのものの破壊確率を示している．二つ目は $\Pr[E_k E_i]$ で，これは破壊事象 E_k と E_i の結合確率を示している．そして，本研究で新しくとり入れた三つ目の項である $\Pr[E_k E_m \cap E_k E_n]$ は，破壊事象 E_k と E_m の積事象と，E_k と E_n の積事象との結合確率を示している．以下において，これら三つの計算方法を具体的に示す.

(1)　$\Pr(E_k)$ の計算法

　ここでは，破壊事象 E_k の破壊確率の計算手順を示す．計算法としては，確率変数間の相関や非正規変数，また，破壊事象を表す限界状態関数が非線形の場合にも対応できる Rosenblatt 変換を用いて破壊事象 E_k の破壊確率を算定する．この場合，以下の仮定を設けることで計算を簡略化できる.

- 耐力を表す確率変数は，正規分布もしくは対数正規分布に従う.
- 耐力と外力を表す破率変数間には相関がない.
- 外力を表す確率変数間にも相関がない.

　コンクリートの圧縮強度や鉄筋の降伏強度などは，確率的に変動し，通常正規分布に適合する．したがって，これらの変数から構成される耐力は中心極限定理によって正規分布，または対数正規分布に近いものであることが予想されることから，一つ目の仮定は妥当なものであると思われる．また，それら耐力が外力と独立の関係にあるとの二つ目の仮定や，外力どうしが互いに独立であるとの三つ目の仮定も一般に容認されるものである.

　このとき，破壊事象 E_i を表す限界状態関数が次式で表されていたとする.

$$g_i(\boldsymbol{X}) = g_i(\boldsymbol{R}(x_1, x_2, \cdots, x_k), \boldsymbol{S}(x_{k+1}, x_{k+2}, \cdots, x_n)) \tag{5.36}$$

ここで，$\boldsymbol{R}(x_1, x_2, \cdots, x_k)$ は耐力に関する確率変数の集合，$\boldsymbol{S}(x_{k+1}, x_{k+2}, \cdots, x_n)$ は外力に関する確率変数の集合，n は確率変数の総数である.

　式 (5.36) に対して，三つの仮定を考慮すると，Rosenblatt 変換によって求められた独立な正規変量の空間において破壊確率を算定するアルゴリズムは次のようになる.

① 破壊空間において，原点から破壊点までの最短距離を与える設計点 $x_0^* = x_0$ を各確率変数の平均値と仮定する.

② Rosenblatt 変換を行い，仮定した設計点に対する独立な正規変量空間での設計点 $\boldsymbol{u}_0$ を求める．このとき，一つ目の仮定により，対応する標準正規変量は次式のように計算することができる．

$$u_1 = x_1' \tag{5.37}$$

$$u_2 = \frac{1}{\alpha_{22}}(u_2 - \alpha_{21}u_1) \tag{5.38}$$

$$\vdots$$

$$u_n = \frac{1}{\alpha_{nn}}(x_n' - \alpha_{n_1}u_1 - \cdots - \alpha_{nn-1}u_{n-1}) \tag{5.39}$$

ここで，x_i' は x_i が正規変数の場合には $x_i' = \dfrac{x_i - \mu_i}{\sigma_i}$，$x_i$ が対数正規変数の場合には $x_i' = \dfrac{x_i - \lambda_i}{\zeta_i}$ である．λ_i，ζ_i はそれぞれ変数 $\ln x_i$ の平均値と標準偏差である．また，α_{i_k} は，

$$\alpha_{11} = 1.0$$

$$\alpha_{i1} = \rho_{x_i'x_1'}$$

$$\alpha_{ik} = \frac{1}{\alpha_{kk}}\left(\rho_{x_i'x_k'} - \sum_{j=1}^{k-1}\alpha_{ij}\alpha_{kj}\right) \qquad (1 < k < i)$$

$$\alpha_{ii} = \sqrt{1 - \sum_{j=1}^{i-1}\alpha_{ij}^2}$$

である．さらに，$\rho_{x_i'x_k'}$ は x_i' と x_k' の相関係数で，x_i と x_k がともに正規変数ならば $\rho_{x_i'x_k'} = \rho_{x_ix_k}$，$x_i$ が正規変数，x_k が対数正規変数ならば $\rho_{x_i'x_k'} = \dfrac{\rho_{x_ix_k}}{\zeta_{x_k}}$ である．

これより，①で仮定した $\boldsymbol{R}(x_1, x_2, \cdots, x_k)$ に属する各確率変数の u 空間内での設計点 $\boldsymbol{u}_0$ を求めることができる．

一方，$\boldsymbol{S}(x_{k+1}, x_{k+2}, \cdots, x_n)$ に属する各確率変数に対しては，二つ目，三つ目の仮定より，次式を用いることで，①で仮定した設計点に対応する標準正規変量が得られる．

$$u_i = \Phi^{-1}(F_i(x_i)) \tag{5.40}$$

ここで，$F_i(x_i)$ は累積分布関数，Φ は標準正規分布関数の累積分布関数である．

③ ヤコビアン行列の x_0 における値を定めるが，②によって求めた各標準正規変量に対するヤコビアン行列は，次式のように表すことができる．

$$\boldsymbol{J} = \frac{\partial(u_1, u_2, \cdots, u_n)}{\partial(x_1, x_2, \cdots, x_n)}$$

$$= \begin{bmatrix} \dfrac{\partial u_1}{\partial x_1} & & & & & \mathbf{0} \\ \dfrac{\partial u_2}{\partial x_1} & \dfrac{\partial u_2}{\partial x_2} & & & & \\ \vdots & \vdots & \ddots & & & \\ \dfrac{\partial u_k}{\partial x_1} & \dfrac{\partial u_k}{\partial x_2} & & \dfrac{\partial u_k}{\partial x_k} & & \\ & & & & \dfrac{\partial u_{k+1}}{\partial x_{k+1}} & \\ & & & & & \ddots & \\ \mathbf{0} & & & & & & \dfrac{\partial u_n}{\partial x_n} \end{bmatrix} \qquad (5.41)$$

とくに, $\boldsymbol{R}(x_1, x_2, \cdots, x_k)$ に属する各確率変数がすべて正規変数である場合には,

$$\boldsymbol{J} = \begin{bmatrix} \dfrac{1}{\sigma_1 \alpha_{11}} & & & & & \mathbf{0} \\ \dfrac{\varepsilon_{21}}{\sigma_1} & \dfrac{1}{\sigma_2 \alpha_{22}} & & & & \\ \vdots & \vdots & \ddots & & & \\ \dfrac{\varepsilon_{k1}}{\sigma_1} & & \cdots & \dfrac{1}{\sigma_k \alpha_{kk}} & & \\ & & & & \dfrac{1}{\phi(u_{k+1})} \dfrac{\partial\{F_{k+1}(x_{k+1})\}}{\partial x_{k+1}} & \\ & & & & & \ddots & \\ \mathbf{0} & & & & & & \dfrac{1}{\phi(u_n)} \dfrac{\partial\{F_n(x_n)\}}{\partial x_n} \end{bmatrix}$$

となる. ここで, ϕ は標準正規分布の確率密度関数である.

$$\varepsilon_{ij} = \sum_{k=1}^{i-j} \left(-\frac{\alpha_{ik}}{\alpha_{ii}} \varepsilon_{kj} \right) \qquad (i > j)$$

また, すべてが対数正規分布である場合には, 変数 x_i の標準偏差 σ_i を $\zeta_i x_i$ とすればよい.

④ 設計点 $\boldsymbol{u}_0$ における限界状態関数と勾配ベクトルの積

$$g(\boldsymbol{u}_0) = g(\boldsymbol{X}_0)$$
$$\boldsymbol{G}_{\boldsymbol{u}_0} = (\boldsymbol{J}^{-1})^t \boldsymbol{G}_{x_0}$$
$$= (\boldsymbol{J}^{-1})^t \boldsymbol{G}_{x_0} \left(\frac{\partial g}{\partial x_1}, \frac{\partial g}{\partial x_2}, \cdots, \frac{\partial g}{\partial x_n} \right) \qquad (5.42)$$

を求める. ここで, 勾配ベクトルとは, 正規変量空間で破壊の可能性のもっとも大きい点における接平面の方向ベクトルである.

⑤ 新たな設計点 $\boldsymbol{u}^*$ を求める.

$$\boldsymbol{u}^* = \frac{1}{\boldsymbol{G}_{\boldsymbol{u}_0}^t \boldsymbol{G}_{\boldsymbol{u}_0}} \left(\boldsymbol{G}_{\boldsymbol{u}_0}^t \boldsymbol{u}_0 - g(\boldsymbol{u}_0) \right) \boldsymbol{G}_{\boldsymbol{u}_0} \tag{5.43}$$

元の変数の空間において，設計点 x^* は 1 次近似により次式で表される.

$$x^* \cong x_0 + \boldsymbol{J}^{-1}(\boldsymbol{u}^* - \boldsymbol{u}_0)\boldsymbol{u}^* \tag{5.44}$$

⑥ $\mathrm{Pr}(E_k) = \Phi(-\beta) = \boldsymbol{u}^{*t}(\boldsymbol{u}^*)^{1/2}$ を計算する.

⑦ 上記の x^* を新たな設計点として用い，収束するまで②～⑥を繰り返す.

(2)　$\mathrm{Pr}[E_k E_i]$ の計算法

　ここでは，破壊事象 E_k と E_i の結合確率の計算手順を示す．式 (5.16)～(5.20) で表される Ditlevsen の限界値に対して，図 5.1 で示した A, B の領域の重複している部分の面積が $\mathrm{Pr}[E_k E_i]$ に比例するものと仮定する．破壊事象 E_k と E_i を表す限界状態式をそれぞれ $g_k = 0$, $g_i = 0$ としたとき，図 5.1 の二つの限界状態式の超曲面のなす角の方向余弦は，二つの事象間の相関係数 ρ_{ki} に等しいことから，$\mathrm{Pr}[E_k E_i]$ の近似式として次式が得られる.

$$\mathrm{Pr}[E_k E_i] = \xi(\mathrm{Pr}(A) + \mathrm{Pr}(B)) \tag{5.45}$$

ここで，$\mathrm{Pr}(A)$, $\mathrm{Pr}(B)$ は式 (5.17), (5.18) で与えられる値であり，ξ は，

$$\xi = 1 - \frac{\theta}{\pi} = 1 - \frac{\cos^{-1} \rho_{ki}}{\pi}$$

である.

　式 (5.45) を計算するうえで必要な相関係数 ρ_{ki} は，限界状態関数 g が線形関数であり，破壊事象 E_k と E_i を表す限界状態関数 g_k, g_i がそれぞれ

$$g_k = \sum a_m x_m \tag{5.46}$$

$$g_i = \sum b_l x_l \tag{5.47}$$

で与えられているとき，次式より求められる.

$$\rho_{ki} = \frac{Cov[g_k, g_i]}{\sigma_{g_k}\sigma_{g_i}} = \frac{\sum a_j b_j \sigma_{X_j}^2}{\sqrt{\sum (a_j \sigma_{x_j})^2}\sqrt{\sum (b_j \sigma_{x_j})^2}} \tag{5.48}$$

　限界状態関数 g が非線形関数の場合には，限界状態関数 g を設計点 $X^* = (x_1^*, x_2^*, \cdots, x_n^*)$ でテイラー展開する.

$$g(X_1, X_2, \cdots, X_n) = \sum_{i=1}^{n}(X_1' - x_1'^*)\left(\frac{\partial g}{\partial X_i'}\right)^* + \cdots \tag{5.49}$$

そして，級数の 2 次以上の高次項を切り捨てた 1 次近似より，相関係数 ρ_{ki} を次式で求める．

$$\rho_{ki} = \frac{\sum \left(\dfrac{\partial g_k}{\partial X_k'}\right)\left(\dfrac{\partial g_i}{\partial X_i'}\right)}{\sqrt{\sum \left(\dfrac{\partial g_k}{\partial X_k'}\right)^2}\sqrt{\left(\dfrac{\partial g_i}{\partial X_i'}\right)^2}} \tag{5.50}$$

したがって，限界状態関数が非線形の場合には，求める相関は破壊の可能性のもっとも大きい点における接平面の方向余弦を用いて，線形の場合の式 (5.48) を近似していることになる．

(3)　$\Pr[E_k E_m \cap E_k E_n]$ の計算法

ここでは破壊事象 E_k と E_m の積事象と，E_k と E_n の積事象との結合確率の計算手順を示す．

$\Pr[E_k E_m \cap E_k E_n]$ の計算は，$\Pr[E_k E_i]$ で示したように，幾何学的に近似することができない．そこで，各破壊事象間の相関を用いて，$\Pr[E_k E_m \cap E_k E_n]$ を近似することとした．まず，事象間の相関の程度を表すパラメータ Ω を次式のように定義する．

$$\Omega = \frac{\Pr[E_k E_m \cap E_k E_n]}{\min(\Pr[E_k E_m], \Pr[E_k E_n])} \tag{5.51}$$

$\Omega = 1.0$ のとき，事象 $E_k E_m$ と $E_k E_n$ は完全従属の関係にあり，$\Omega = \max(\Pr[E_k E_m], \Pr[E_k E_n])$ のとき，事象 $E_k E_m$ と $E_k E_n$ は独立の関係にある．つまり，Ω のとるべき値は，次式の範囲となる．

$$\max(\Pr[E_k E_m], \Pr[E_k E_n]) \leq \Omega \leq 1.0 \tag{5.52}$$

破壊事象 $E_k E_m$ と $E_k E_n$ の相関の程度を直接得ることはできないが，破壊事象 E_k と E_m，E_k と E_n，E_m と E_n の相関の程度は，式 (5.48) もしくは (5.50) を用いれば相関係数という形で近似できる．そこで，破壊事象 E_k と E_m，E_k と E_n，E_m と E_n の相関係数から破壊事象 $E_k E_m$ と $E_k E_n$ の相関の程度 Ω を次式で近似する．

$$\Omega = \Big(\min(\rho_{km}, \rho_{kn}, \rho_{mn})\Big) \times \Big(\sum \rho - \min(\rho_{km}, \rho_{kn}, \rho_{mn})\Big) \tag{5.53}$$

式 (5.53) は，もっとも相関の程度の弱い事象間が，他の二つの事象の相関の程度に占める割合を表したものである．

以上に示した $\Pr(E_i)$，$\Pr[E_k E_i]$，$\Pr[E_k E_m \cap E_k E_n]$ の組み合わせにより，式 (5.35) で表される構造系の破壊確率は，数値積分などを一切用いることなく，簡便

に算定することができる. なお, 以降においては, 式 (5.35)〜(5.53) により構造系の破壊確率を算定する手法を "構造系信頼性評価法" という.

5.3　既往の破壊確率評価法との比較

　ラーメン構造物を解析対象として, その保有安全性を破壊確率をもとに評価する. メカニズムの形成 ((不静定次数 +1) 個の塑性ヒンジができること) を崩壊と考えると, ラーメン構造物は非常に多くの限界状態式をもつ. しかも, そのいくつかは同程度で生じる可能性があり, 各限界状態式間にはかなりの相関がみられる. したがって, ラーメン構造物の構造系としての破壊確率を求める際には, 各事象間の相関を適切に考慮しなければならない, そこで二つの例題において, 構造系信頼性評価法, モンテカルロ法および既往の研究成果により算定される破壊確率値を比較することで, 構造系信頼性評価法の精度を検証した. なお, 以下の例題では, すべての確率変数は正規分布に従うものとし, 各確率変数間の相関は無視し, あくまでも各破壊事象間の相関のみに着目した解析を行う.

(1)　例題 5.1

　図 5.3 に示す一層ラーメン構造物を考える. 破壊メカニズムの形成に対する限界状態関数として次の 3 式を考える.

$$g_1 = M_1 + 2M_2 + 2M_4 + M_5 - Fa - Gb$$
$$g_2 = M_2 + 2M_3 + M_4 - Gb$$
$$g_3 = M_1 + M_2 + M_3 + M_4 + M_5 - Fa$$

ここで, a, b は一定値で $a = b = 2$ と仮定し, M_i は耐力 (全塑性モーメント) を表す確率変数で平均値 $\mu_{M_i} = 1.0$, 標準偏差 $\sigma_{M_i} = 0.5$, F, G は外力を表す確率変数で平均値 $\mu_F = \mu_G = 1.0$, 標準偏差 $\sigma_F = \sigma_G = 0.5$ である. なお, すべての確率変

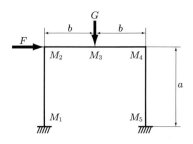

図 5.3　1 層ラーメン構造物

数は正規分布に従うとし，各確率変数間の相関は考慮しない.

このとき，考慮した限界状態に対する構造系の破壊確率 $\Pr(E)$ を単モード限界，Ditlevsen の限界値，PNET 法($\rho_0 = 0.8$ により構造系の破壊事象間の相関を分類)，モンテカルロ法(サンプル数 $n = 50000$)，そして構造系信頼性評価法により計算した結果を以下に示す.

単モード限界	$0.173 \leq \Pr(E) \leq 0.316$
Ditlevsen の限界値	$0.178 \leq \Pr(E) \leq 0.264$
PNET 法	$\Pr(E) = 0.258$
モンテカルロ法	$\Pr(E) = 0.230$
構造系信頼性評価法	$\Pr(E) = 0.230$

(2) 例題 5.2

図 5.4 に示す 2 層 2 径間ラーメン構造物を考える. 破壊メカニズムの形成に対する限界状態関数として次の 8 式を考える.

$$g_1 = 5M_1 + 3M_2 + 3M_3 + 2M_4 - 10F_1 - 10F_2 - 48P$$

$$g_2 = 6M_1 - 36P$$

$$g_3 = 5M_1 + 4M_2 + 2M_3 + 2M_4 + 2M_5 - 10F_1 - 10F_2 - 10F_3 - 48P$$

$$g_4 = 5M_1 + 3M_2 + M_3 - 10F_1 - 36P$$

$$g_5 = 2M_3 + 2M_4 - 10F_2$$

$$g_6 = M_1 + 3M_5 - 10F_3$$

$$g_7 = 5M_1 + 2M_2 + M_3 + 4M_4 - 10F_1 - 10F_2 - 48P$$

$$g_8 = 4M_2 - 10F_2$$

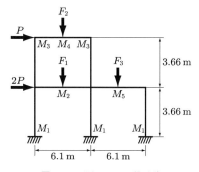

図 5.4　2 層ラーメン構造物

ここで，M_i は耐力（全塑性モーメント）を表す確率変数で，平均値はそれぞれ $\mu_{M_1} = 70$，$\mu_{M_2} = 70$，$\mu_{M_3} = 150$，$\mu_{M_4} = 90$，$\mu_{M_5} = 120$ であり，各変動係数はすべての確率変数に対し 15％と仮定する．また，F_i，P は外力を表す確率変数で，平均値はそれぞれ $\mu_{F_1} = 38$，$\mu_{F_2} = 20$，$\mu_{F_3} = 26$，$\mu_P = 7$ であり，変動係数はすべて 25％とする．なお，すべての確率変数は正規分布に従うとし，各確率変数間の相関は考慮しない．このときの計算結果を以下に示す．

単モード限界	$0.0319 \leq \Pr(E) \leq 0.168$
Ditlevsen の限界値	$0.0319 \leq \Pr(E) \leq 0.132$
PNET 法	$\Pr(E) = 0.082$
モンテカルロ法	$\Pr(E) = 0.104$
構造系信頼性評価法	$\Pr(E) = 0.110$

　以上の例題を通し，既往の構造系の破壊確率算定手法は，相関の程度やその破壊確率のオーダーごとに精度が異なり，算定結果にばらつきが生じるのに対し，構造系信頼性評価法を用いた場合には，かなりの精度で正解値と思われるモンテカルロ法と一致することが確認できた．また，その使いやすさも既往の評価法と同程度である．

5.4　構造系信頼性評価法による RC 橋脚の耐震安全性評価例

　5.2 節で述べた構造系信頼性評価法を用いて RC 橋脚の安全性評価を行う際には，限界状態式の設定が必要となる．限界状態式は，一般に，（耐力項 R）−（外力項 S）で表される．ここでは，RC 橋脚の終局限界状態の照査項目として，耐力と変形能をとりあげる．したがって，耐力項としては，曲げ耐力，せん断耐力および変形能が相当する．外力項は，地震により発生する作用慣性力あるいは応答変位が相当することになる．以下において，これら耐力および変形能の算定法と外力項である慣性力や応答変位を算定する時刻歴地震応答解析法について述べる．

　時刻歴地震応答解析を行う場合，解析に先立って耐荷力が評価されているので，確定論的立場に立てば，変形能に対してのみ照査すれば設計上問題はないことになる．しかし，信頼性設計では耐力や変形能の限界までの余裕を破壊確率に置き換え，その値の大小により安全性を評価するため，単に想定した耐力や変形能が，応答値を上回っているか否かの照査を行う従来の設計法とは異なる．

5.4.1 解析の概要

(1) 地震応答解析モデル

解析対象系を図 5.5 のようにモデル化し，動的解析を行う．橋脚と上部構造については 1 質点系でモデル化し，橋脚躯体の非線形履歴特性を考慮した．非線形モデルとしては図 5.6 に示す剛性低下型トリリニアモデルを用いた．このモデルは履歴特性として Takeda モデルを用いており，載荷時と除荷時の両方の勾配を減少させる剛性低下型の履歴曲線をもち，除荷時剛性 K_r は次式により算定される．

$$K_\mathrm{r} = K_\mathrm{y} \left(\frac{\phi_\mathrm{y}}{\phi_\mathrm{max}} \right)^\alpha \tag{5.54}$$

ここで，K_y は降伏剛性$(= M_\mathrm{y}/\phi_\mathrm{y})$，$\phi_\mathrm{max}$ は最大変形(曲率)，α は除荷時剛性低下指数$(= 0.4)$である．

質点モデルにおける橋脚躯体の質量は，その 1/3 を 1 径間の質量に加算し，残りは基礎の質量に加算した．また，減衰定数は 0.02 とした．構造物と地盤の動的相互作用は，地盤バネの非線形バイリニア復元力モデルを用いて，基礎周辺地盤の非線

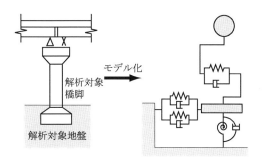

図 5.5　解析対象構造系の数値解析モデル化

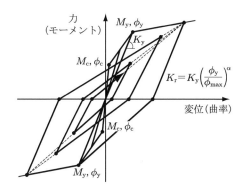

図 5.6　剛性低下型トリリニアモデル

形性を考慮した.

地震応答計算は，Newmark の β 法[†] ($\beta = 1/6$)に基づく増分法を用いた．そして，この動的解析を実施し，限界状態式の中の外力項である作用慣性力および応答変位を算定した．地震波の入力方向は，原則として耐震性の低い橋軸方向に対して行った.

解析対象橋脚は三つの単柱 RC 橋脚(せん断耐力と曲げ耐力の比である耐力比 1.18 の橋脚 A，耐力比 1.32 の橋脚 B および耐力比 1.84 の橋脚 C)とした．表 5.1 に各橋脚の断面諸元を，表 5.2 に使用したコンクリートおよび鉄筋の材料特性を示す．また，解析対象地盤は，東北新幹線地質図から

$$T_G = 4 \sum_{i=1}^{n} \frac{H_i}{V_{\mathrm{S}i}} \tag{5.55}$$

で算出される地盤の特性値 T_G が偏らないようにし，表 5.3 の耐震設計上の地盤種別により，Ⅰ種，Ⅱ種，Ⅲ種地盤からそれぞれ 4 種類を選定した．式 (5.55) において，H_i は i 番目の地層の厚さ [m]，$V_{\mathrm{S}i}$ は i 番目の地層の平均せん断弾性波速度 [m/s]，n は地表面から基盤面までの地層の全層数である．表 5.4 にその選定地盤モデルの特性値などを示す．地盤の特性値 T_G とは，微小ひずみ振幅領域における表層地盤の基本固有周期を表している.

表 5.1　各橋脚の断面諸元

		橋脚 A (耐力比 1.18)	橋脚 B (耐力比 1.32)	橋脚 C (耐力比 1.84)
橋脚条件	橋脚	ϕ4.0 m, 高さ 9.8 m	ϕ4.0 m, 高さ 8.5 m	3.0×3.5 m, 高さ 10.5 m
	基礎	杭基礎	杭基礎	杭基礎
橋脚	断面	$\phi = 4.0$ m	$\phi = 4.0$ m	3.2×3.7 m
	軸方向鉄筋	D51–72 本	D38–78 本	D32–23 本
	帯鉄筋	D25ctc150 mm	D22ctc125 mm	D25ctc150 mm
基礎	フーチング断面	9.5 m × 13.25 m	9.5 m × 11.0 m	9.5 m × 12.0 m
	杭	$\phi = 1.5$ m, 10 本	$\phi = 1.5$ m, 12 本	$= 1.5$ m, 9 本

(2)　入力地震波

ここでは，入力地震波として，宮城県沖地震(1978 年 6 月)で観測された開北橋での地震波(岩盤上で観測，最大加速度 293 gal)を用いた．そして，地震波を解析対象地盤の基盤に入力し，重複反射理論を用いて基礎底面での波を推定した．なお，

[†] 構造物の応答を計算する場合，運動方程式を数値計算で解く．時間を微小な時間間隔で区切り，この時間間隔ごとに積分を行っていく方法を逐次積分法というが，これはさらに加速度の扱い方により，平均加速度法，線形加速度法などに分類できる．Newmark の β 法は，線形加速度法の一つであり，線形加速度法の係数を β というパラメータで表現したものである.

表 5.2　材料特性

(a)　コンクリート材料特性

圧縮強度 [kgf/cm^2]	引張強度 [kgf/cm^2]	最大圧縮応力時 ひずみ	終局ひずみ
240	32	0.002	0.0035

表 5.3　耐震設計上の地盤種別

地盤種別	地盤の特性値 [s]
Ⅰ種	$T_G < 0.20$
Ⅱ種	$0.20 \leq T_G < 0.6$
Ⅲ種	$0.6 \leq T_G$

(b)　鉄筋材料特性

降伏強度 [kgf/cm^2]	引張強度 [kgf/cm^2]	降伏ひずみ	ひずみ硬化 開始時ひずみ	終局ひずみ
3500	5000	0.002	0.02	0.1

表 5.4　地盤モデル一覧

地盤モデル No.	地盤種別	地盤の特性値 [s]	加重平均 N 値
Ⅰ – 1	Ⅰ種地盤	0.084	34.96
Ⅰ – 2	Ⅰ種地盤	0.122	29.14
Ⅰ – 3	Ⅰ種地盤	0.146	13.42
Ⅰ – 4	Ⅰ種地盤	0.190	15.02
Ⅱ – 1	Ⅱ種地盤	0.246	9.67
Ⅱ – 2	Ⅱ種地盤	0.378	6.63
Ⅱ – 3	Ⅱ種地盤	0.474	18.83
Ⅱ – 4	Ⅱ種地盤	0.541	6.99
Ⅲ – 1	Ⅲ種地盤	0.606	2.46
Ⅲ – 2	Ⅲ種地盤	0.710	4.87
Ⅲ – 3	Ⅲ種地盤	0.817	7.10
Ⅲ – 4	Ⅲ種地盤	0.888	6.36

すべての地盤に対して，同一の既製杭基礎としてモデル化しているため，有効入力動の低減を考慮していない．したがって，この基礎底面での地震波を，そのまま動的応答を解析する際の地震波とした．また，重複反射理論を実施する際の地盤の非線形モデルとしては，北澤らが設定したモデルを用いた．

(3)　限界状態式の設定

耐力項である曲げ耐力は，コンクリートの圧縮ひずみが終局ひずみ $\varepsilon_{\mathrm{cu}}\,(= 0.0035)$ に達したときの耐力とし，静的弾塑性解析により算定した．また，せん断耐力の算定は石橋らの式によった．

- 帯鉄筋以外が受け持つせん断耐力

    $1.5 \leq a/d \leq 2.5$ の場合

$$V_{\mathrm{c}} = 3.58 \cdot \left(\frac{a}{d}\right)^{-1.166} \cdot f_{\mathrm{c}}^{\prime\frac{1}{3}} \cdot \beta_{\mathrm{p}} \cdot \beta_{\mathrm{d}} \cdot \beta_{\mathrm{n}} \cdot b \cdot d \qquad (5.56)$$

    $2.5 < a/d$ の場合

$$V_c = 0.94 \cdot \left(0.75 + \frac{1.4d}{a}\right) \cdot f_c'^{\frac{1}{3}} \cdot \beta_p \cdot \beta_d \cdot \beta_n \cdot b \cdot d \tag{5.57}$$

● 帯鉄筋が受け持つせん断耐力

$$V_S = \frac{A_w \cdot f_{wy} \cdot d \cdot (\sin\theta + \cos\theta)}{1.15s} \tag{5.58}$$

ここで，$\beta_p = \sqrt[4]{100p_l}$，$\beta_d = \sqrt[4]{100/d}$，$\beta_n = 1 + 2M_0/M_u$ であり，f_c' はコンクリート圧縮強度 (kgf/cm^2)，p_l は引張鉄筋比，M_u は終局曲げモーメント，M_0 は部材断面に引張応力が生じる限界曲げモーメント，A_w は区間 s における一組の帯鉄筋の断面積 (cm^2)，f_{wy} は帯鉄筋の降伏点強度 (kgf/cm^2)，θ は帯鉄筋が部材軸となす角度，a はせん断スパン (cm)，b は断面幅 (cm)，d は有効高さ (cm)，s は帯鉄筋間隔 (cm) である．

RC 構造物の塑性変形あるいは変形能に着目した研究は数多く行われ，正負繰り返し荷重下で変形能(靭性率)を評価する手法についてもいくつか提案されている．ここでは，土木学会阪神大震災調査研究特別委員会 WG 報告の靭性率評価式

$$\mu = \frac{N}{N_B} + \left(1 - \frac{N}{N_B}\right)\left\{12\left(\frac{0.5V_c + V_S}{M_u/a}\right) - 3\right\} \tag{5.59}$$

を用いることにした．ここで，N は軸圧縮力，N_B はつり合い破壊時の軸圧縮力(鉄筋に作用している引張力の合力位置の鉄筋が降伏強度に達すると同時に，コンクリートの縁圧縮ひずみがその終局ひずみになるような軸力)，M_u は曲げ耐力，V_c は式 (5.56) あるいは (5.57) により定義される帯鉄筋以外によるせん断耐力，V_S は式 (5.58) により算定される帯鉄筋によるせん断耐力，a はせん断スパンである．

これらの耐力項および外力項をもとに，曲げ耐力とせん断耐力に対する安全性の照査に用いる限界状態式をそれぞれ式 (5.60) および (5.61) のように設定した．なお，曲げ耐力に関する限界状態式では，変位によって生じる 2 次モーメントも考慮した．また，変形能に関する限界状態式は，式 (5.62) のように設定した．

$$g_1 = \alpha_1 M_u - (P_{max} \cdot a + N \cdot \delta_{max}) \tag{5.60}$$

$$g_2 = \alpha_2(V_c + V_S) - P_{max} \tag{5.61}$$

$$g_3 = \alpha_3\left\{\frac{N}{N_B} + \left(1 - \frac{N}{N_B}\right)\left(12\left(\frac{0.5V_c + V_s}{M_u/a}\right) - 3\right)\right\} - \frac{\delta_{max}}{\delta_y} \tag{5.62}$$

ここで，P_{max}，δ_{max} は動的解析より得られる作用慣性力および応答変位の最大値，α_1，α_2 は耐力算定式のもつばらつきを考慮する補正係数，α_3 は靭性率算定式のもつばらつきを考慮する補正係数である．

これらの限界状態式の中で用いられる各耐力や外力は，さまざまな不確定要因を含んでいるため，$\alpha_i \ (i = 1, 2, 3)$ を導入し，その影響を考慮しようとした．なお，α_i も確率変数とみなす．RC 橋脚の破壊確率を算定する際には，これら確率変数の分布やそのばらつきの程度の評価がきわめて重要となる．

5.4.2　RC 橋脚の耐力に及ぼす不確定要因の影響と耐震安全性評価

(1)　耐力に及ぼす不確定要因の影響

まず，耐力に含まれる材料強度の不確定要因と，構造解析のモデル化や耐力式に含まれる不確定要因を評価する．

■耐力に及ぼす材料強度の不確実性の影響　　材料強度の不確定要因として，コンクリート圧縮強度および鉄筋降伏強度をとりあげる．不確定要因の大きさを表す変動係数の上限値として，実態調査をもとに，各規格値に対して，コンクリート圧縮強度では 20 %，鉄筋降伏強度では 7 %と想定した．なお，これら材料強度は正規分布に従うものとした．

まず，曲げ耐力に及ぼす材料強度のばらつきの影響を評価する．曲げ耐力は，前述したように，コンクリートの圧縮縁ひずみがその終局ひずみに達したときとして算定し，材料強度による不確定要因の評価はモンテカルロ法を用いた．その計算フローは以下のとおりである．

① 供試体を選定する．
② シミュレーションの回数および材料強度の変動係数を設定する．
③ 設定した確率分布およびその特性値に従う材料強度を算定する．
④ 曲げ耐力を算定する．
⑤ シミュレーション回数を満足するまで③，④を繰り返す．
⑥ 得られた曲げ耐力の集合から平均値，変動係数を算定する．

実橋脚を想定して造られた実験供試体をランダムにいくつか選択し，このフローに従い解析した結果を図 5.7(a) に示す．図の横軸は，選定した供試体の曲げ耐力（せん断力に換算）の平均値である．供試体ごとに変動係数の大きさは異なるものの，図からここで仮定された材料強度の不確実性に対し，曲げ耐力のばらつきはすべて 8 %以下となった．これにより RC 橋脚の信頼性解析を行う際には，曲げ耐力は，算定された値を平均値とし，変動係数 8 %をもつ確率変数として扱うこととした．

次に，せん断耐力に含まれる材料強度のばらつきの影響を評価する．この場合，耐力算定式が式 (5.56)〜(5.58) のように定式化されていることから，次式によって

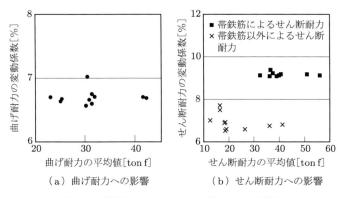

図 5.7　材料強度のばらつきが耐力に及ぼす影響

各変動係数 δ を算定した.

$$\delta = \frac{\sigma_{\mathrm{V}}}{\mu_{\mathrm{V}}} = \frac{\sqrt{\sum\limits_{i=1}^{j}\left[\left(\left|\dfrac{\partial V}{\partial X_i}\right|_{\overline{X_i}}\right)\right]^2 \cdot \sigma^2_{\overline{X_i}}}}{V(\overline{X_1},\overline{X_2},\cdots,\overline{X_j}) + \sum\limits_{i=1}^{j}\left|\dfrac{\partial V}{\partial X_i}\right|_{\overline{X_i}}(X_i - \overline{X_i})} \tag{5.63}$$

ここで，X_i は材料強度および曲げモーメントに関する各確率変数，$\sigma_{\overline{X_i}}$ は各確率変数の標準偏差，$V(\cdot)$ は各せん断耐力算定式である．

なお，帯鉄筋以外が受けもつせん断耐力算定式には，曲げモーメントに関するパラメータが用いられているが，これについてはモンテカルロ法から得られた結果から確率変数とみなして解析した．

各せん断耐力算定式から変動係数を解析した結果を図 5.7(b) に示す．図から算定したせん断耐力を平均値として，帯鉄筋以外が受けもつせん断耐力は変動係数が 8%，帯鉄筋が受けもつせん断耐力は変動係数 10%をもつ確率変数として扱うこととした．

■耐力に及ぼす算定式および構造解析のもつ不確実性の影響　　帯鉄筋以外が受けもつせん断耐力算定式や変形能評価式は，実験にその根拠をおいている．また，静的弾塑性解析より求められた曲げ耐力を，繰り返し荷重を受ける RC 部材に対して適用している．このため，算定された耐力値は，材料強度のばらつきの影響のほかに，算定式自体のもつ不確実性の影響が含まれる．ここでは，こうした不確定要因の影響を限界状態式の中に示した補正係数 $\alpha_i\ (i = 1, 2, 3)$ を確率変数として扱うことにより考慮する．地震動など材料強度以外の不確定要因の影響については，まだ

十分に評価できていないので，材料強度の不確実性を表現した変動係数以外のもの
については，表5.5に仮定した各確率分布およびそのパラメータにより以降の RC
橋脚の安全性解析を行う．なお，各確率変数の相関については考慮していない．ま
た，ここに示す地震応答の結果である作用慣性力や応答変位の最大値の変動係数は，
あくまでもモデル化に伴う不確実性のみを表したものである．

表5.5　各確率変数の分布形およびそのパラメータ

限界状態式での記号	確率分布形	確率分布のパラメータ	
		平均値	変動係数 (%)
α_1	正規分布	1.0	10
α_2	正規分布	1.0	20
α_3	正規分布	1.0	40
N	正規分布	設計値	5
δ_y	正規分布	算定値	10
P_{max}	正規分布	応答結果	30
δ_{max}	正規分布	応答結果	30

(2)　RC 橋脚の耐震安全性評価

　図5.8に示した安全性検討フローに従い，RC 橋脚の地震時における安全性評価
を行う．なお，ここでは，入力地震波の最大加速度については，基盤面でのそれが
等しくなるように地震波を拡大・縮小して解析した．解析対象系として橋脚，基礎
および地盤を一体化してモデル化した．これは，その設計基盤面に同一の地震波が
作用したときの安全性評価を行うことを目的としているためである．

■**解析対象 RC 橋脚の安全性評価**　　地盤モデルとして表5.4中の No.Ⅰ–1 を選定
し，地震波をその基盤面に最大入力加速度が 100 gal から 800 gal となるように拡
大・縮小して，100 gal 刻みで図5.5のモデルに入力した．そのときの最大入力加速
度と橋脚 A〜C の安全性指標の関係を図5.9に示す．図には曲げ耐力，せん断耐力
および変形能に対する安全性照査から求められた安全性指標，および前述した構造
系信頼性評価法に基づき算定された RC 橋脚の安全性指標（以下，これを RC 橋脚
の安全性という）を示した．

　図 (a) は橋脚 A に対する解析結果である．三つの限界状態に対する安全性指標に
比べ，RC 橋脚の安全性はいずれの最大入力加速度に対してもこれを下回る結果と
なっている．つまり，橋脚 A の場合には支配的な限界状態が存在せず，これら三つ
の安全性照査を同時に行うことで，RC 橋脚の安全性を正しく把握することができ
るといえる．しかし，図 (b) に示した橋脚 B では，曲げ耐力に対する安全性と RC
橋脚の安全性を表す安全性指標の差は小さくなり，図 (c) に示した橋脚 C では，曲

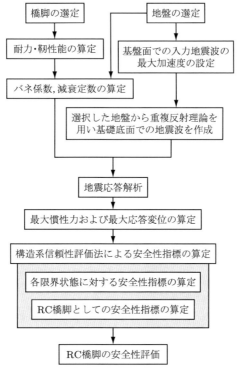

図 5.8　RC 橋脚の安全性検討フロー

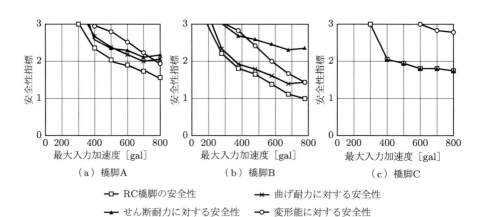

（a）橋脚A　　　　　　　（b）橋脚B　　　　　　　（c）橋脚C

　□　RC橋脚の安全性　　　　　　×　曲げ耐力に対する安全性

　▲　せん断耐力に対する安全性　　○　変形能に対する安全性

図 5.9　最大入力加速度と安全性指標の関係

げ耐力に対する安全性指標と RC 橋脚の安全性とがほぼ一致しており，この RC 橋脚の安全性は曲げ耐力で支配されていると判断される．このように，耐力算定式のもつばらつきの大きさの違いによりせん断耐力が曲げ耐力を上回る場合においても，せん断耐力に対する安全性照査が RC 橋脚の安全性にとって無視できない場合がある．安全性検証を一つの限界状態に対して行えばよいのか，複数の限界状態の相関を適切に考慮し検証する必要があるかは，構造物の保有する耐力比に依存する．

■**耐力比が RC 橋脚の安全性に及ぼす影響**　　ここでは RC 橋脚の軸方向鉄筋や帯鉄筋量を変化させることにより，耐力比が RC 橋脚の安全性に及ぼす影響について検討する．

　まず，引用した設計例に示されている軸方向鉄筋に対して，帯鉄筋量一定のもとで軸方向鉄筋量を 20％ずつ増加させて曲げ耐力を大きくし，耐力比を小さくした RC 橋脚を準備した．次に軸方向鉄筋量一定のもとで帯鉄筋量を 25％ずつ増加させて，せん断耐力を大きくし，耐力比を大きくした RC 橋脚を準備した．そして，地盤モデルとして表 5.4 中の No.I–1 を選定し，地震波をその基盤面に 800 gal に拡大して入力したときの耐力比と RC 橋脚の安全性指標の関係を検討した．橋脚 A〜C に対して解析した結果を図 5.10 に示す．

　図 (a)，(b) に示した橋脚 A および B においては，曲げ耐力一定のもとでせん断耐力を増加させて耐力比を上げていくと（図 (a) では耐力比 1.18 以上，図 (b) では 1.32 以上の範囲），橋脚としての安全性指標の値も上昇していく．しかし，耐力比がおよそ 1.7 以上では橋脚の安全性は曲げ耐力に対するそれに収束し，これ以上の

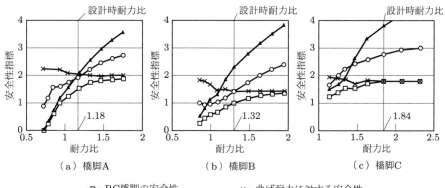

図 5.10　耐力比と安全性指標の関係

せん断耐力の増加は，単に過剰な耐力を与えるにすぎないことがわかる．また，曲げ耐力を増加させて耐力比を下げていくと（図 (a) では耐力比 1.18 以下，図 (b) では 1.32 以下の範囲），地震時の作用せん断力の増加および耐力比の減少による橋脚保有靭性能の低下のため，RC 橋脚の安全性は一様に低下していく．

図 (c) に示した橋脚 C では鉄筋量を変化させる前の段階での耐力比が 1.84 と大きいため，曲げ耐力一定のもとでせん断耐力を上げても何ら RC 橋脚の安全性には影響を与えない（図 (c) の耐力比 1.84 以上の範囲）．そこで，耐力比を小さくするために曲げ耐力を上昇させると，橋脚 A および B と同様に，橋脚の安全性はおよそ耐力比 1.7 程度を境に低下していく傾向がみられる．

以上の解析においては，曲げ耐力を上げることは RC 橋脚の安全性を低下させる結果となった．しかし，先の解析結果からもわかるように，ある所定の耐力比を保持し，せん断耐力も同時に増加させれば，RC 橋脚の安全性を効果的に上げていくことができると予想される．そこで，橋脚 B に着目し，曲げ耐力を高めるために軸方向鉄筋量を設計引用例にある量に対し，1.0 倍，1.2 倍，1.6 倍，および 2.0 倍とした橋脚を用意した．次に，これら軸方向鉄筋量の異なる橋脚に対し，今度はせん断耐力を上昇させるため，帯鉄筋量をそれぞれの軸方向鉄筋量をもつ橋脚に対し，25 ％ずつ増加させた．地盤モデルとして，表 5.4 中の No. I–1 を選定し，地震波をその基盤面に 800 gal に拡大して入力したときの各耐力比をもつ RC 橋脚と安全性指標の関係を図 5.11 に示す．図には，構造系信頼性評価法を用いて求めた RC 橋脚の安全性を表す安全性指標のみを示してある．

図 5.11 から，曲げ耐力を上昇させても，せん断耐力を同時に上昇させるならば，RC 橋脚の安全性は高められることがわかる．しかし，この場合も各鉄筋量の組み

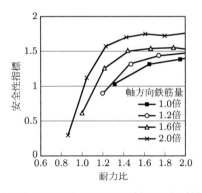

図 5.11 各主鉄筋量の組み合わせによる耐力比と安全性指標との関係

合わせにおいて耐力比 1.7 程度を境に，RC 橋脚の安全性はほぼ一定の状態になっていることがわかる．これは，この耐力比付近になると，せん断耐力を上昇させても曲げ耐力に対する安全性がほぼ一定となるため，RC 橋脚の安全性が曲げ耐力に対する安全性照査で支配されることによるためと思われる．したがって，RC 橋脚の安全性の値は，曲げ耐力に対する安全性指標に収束し，耐力比がある値以上ではほぼ一定の値を示すことになる．結果として，橋脚の安全性を高めるには，耐力比としておよそ 1.7 程度の値を保つように鉄筋量を調整させることが適当であるといえる．このような耐力比に関する解析から，耐力比は RC 橋脚の耐震性能を表す有用な指標であるといえる．

なお，ここで示した耐力比の値は，限界状態の設定の仕方や表 5.5 に示した各確率変数のパラメータに対して成立するものである．ここで強調したいことは，この耐力比の値の大小ではない．地震時における RC 橋脚の限界状態の照査項目として耐力と変形能の 2 項目をとりあげ，対象構造物が目標とする安全性をもっているのかどうか，起こりうる限界状態は複数存在するのか，または過剰な耐力を与えていないかなどの検討を安全性指標という共通の尺度で定量的に評価した点である．

■地盤種別が RC 橋脚の安全性に及ぼす影響　　ここでは，地盤の特性が RC 橋脚の安全性に及ぼす影響を把握するため，地盤モデルのみを変化させて解析を行った．橋脚 A～C に対して前述した 12 種類の地盤を組み合わせ，地震波の最大入力加速度を 500 gal および 800 gal に拡大し，それぞれの地盤の基盤面に入力した．そして，橋脚 A～C に対して地盤モデルごとに安全性評価を行い，その結果を図 5.12 に示した．図の横軸には地盤の特性値を，縦軸には構造系信頼性評価法によって算定された RC 橋脚の安全性を表す安全性指標をとってある．

図 5.12 から橋脚によらず地盤の特性値の増加に従って，橋脚の安全性はおおよ

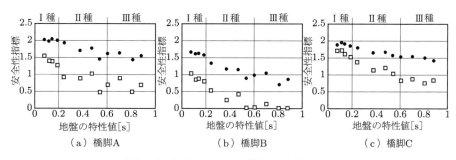

（a）橋脚A　　　　　（b）橋脚B　　　　　（c）橋脚C

● 最大入力加速度500 gal　　□ 最大入力加速度800 gal

図 5.12　地盤の特性値と安全性指標

そ一様に低下していくことがわかる．いずれの橋脚においても，Ⅰ種地盤ではその地盤の特性値による橋脚の安全性の相違がほとんどみられないのに対し，Ⅱ種およびⅢ種地盤では，同じ地盤種別にあっても地盤特性値の値により橋脚の安全性がかなり異なるものになっている．このことは，たとえば地盤の特性値の異なる地盤が同じ地盤種別として分類され，同一の構造物が建造されたとしても，地震時に保有する安全性が異なることを意味している．この解析では，本来直接基礎が用いられるような地盤モデルに対しても，杭基礎としてモデル化しているため，応答が低く抑えられ，Ⅰ種地盤では地盤モデルによる差が出にくくなったと予想される．しかし，いずれにしても異なる地盤に対して構造物の安全性を均一に保つような設計を行うには，より詳細な地盤区分が必要となる．しかも，図では，地盤の特性値の増加に対する橋脚の安全性の低下の程度は，その橋脚によって異なるため，想定する地震波に対して所定の安全性を確保する設計を行うためには，橋脚と地盤を一体化したモデルで安全性を議論する必要がある．

■確率分布が RC 橋脚の安全性に及ぼす影響　　ここでは，表 5.5 で設定した各確率変数の確率分布形を変更したときの RC 橋脚の安全性評価を行い，その影響を検討する．

　考慮する確率分布形としては，すべての確率変数を対数正規分布と仮定した場合，および外力項，すなわち最大慣性力 P_{max} と最大応答変位 δ_{max} を第Ⅰ種極値分布とし，耐力項を表す確率変数については正規分布と仮定した場合とした．解析対象橋脚は橋脚 B とし，地盤モデルとして表 5.4 中の No.Ⅰ–1 を選定して，地震波をそれの基盤面に最大入力加速度が 100 gal から 800 gal となるように拡大・縮小し，100 gal 刻みで入力した．解析結果を図 5.13 に示す．

　図から，最大入力加速度の増加に伴う安全性指標の推移に関して，すべての確率

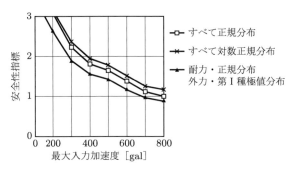

図 5.13　確率分布が RC 橋脚の安全性に及ぼす影響

変数を正規分布と仮定した場合と，対数正規分布と仮定した場合とでは，あまり大きな相違がないことがわかる．これは，RC 橋脚の安全性を算定する際の曲げ耐力，せん断耐力および変形能に対する三つの限界状態式から算定される安全性指標の各値が，すべての最大入力加速度域にわたってほぼ同一の値をとっているためである．したがって，ここで用いた限界状態に関しては，限界状態式にある確率変数が正規分布に従うと仮定することと，対数正規分布に従うと仮定することは，RC 橋脚の安全性評価においてほとんど同意であるといえる．

　次に，耐力項は正規分布，外力項は第Ⅰ種極値分布とした場合の RC 橋脚の安全性は，正規分布や対数正規分布と仮定した場合に比べて安全性指標が低下しており，それは最大入力加速度が小さいほど顕著になった．最大入力加速度が小さい範囲においては，RC 橋脚の安全性は十分に保たれているので，安全性指標が大きく，いいかえれば，破壊確率は小さく抑えられることになる．一般に，破壊確率が小さい範囲においては，分布形の裾の部分の影響が大きくなり，破壊確率は設定される分布形に対して非常に敏感になることが指摘されており，外力項を第Ⅰ種極値分布と仮定した場合がこれに相当したと考えられる．しかし，最大入力加速度が大きい範囲においては，設定した分布形による RC 橋脚の安全性への影響は大きくない．したがって，耐震設計で問題となる加速度域を想定する場合には，ここで示した各確率変数の分布形の相違による安全性評価への影響は小さいといえる．

■ モデルおよび外力項の不確実性が RC 橋脚の安全性に及ぼす影響　　ここでは，表 5.5 に設定された各確率変数のうち，せん断耐力算定式および靭性率評価式に対する補正係数 α_2 および α_3，そして最大慣性力 $P_{\max}$ と最大応答変位 $\delta_{\max}$ の各変動係数の値を変化させ，それらによって RC 橋脚の安全性がどのように変わるかを検討する．なお，曲げ耐力算定に関する補正係数 α_1 については，すでに表 5.5 に示した値でその不確実性が評価できているものとし，変動係数の変更を行っていない．また，すべての確率変数に対して正規分布を仮定した．

　設定した各確率変数と変動係数に対し，最大入力加速度と安全性指標の関係をみるため，地盤モデルとして表 5.4 中の No.Ⅰ–1 を選定し，地震波をその基盤面に最大入力加速度が 100 gal から 800 gal となるように拡大・縮小し，100 gal 刻みで入力した．解析対象橋脚は橋脚 B とした．そして，α_2 の変動係数を表 5.5 に設定した 20％から 40％に変更したときの最大入力加速度と安全性指標の関係を図 5.14(a) に示す．同様に，α_3 の変動係数を設定した 40％から 50％に変更したとき，および最大慣性力と最大応答変位の変動係数をともに設定した 30％から 40％に変更したときの最大入力加速度と安全性指標の関係をそれぞれ図 (b) および図 (c) に示す．

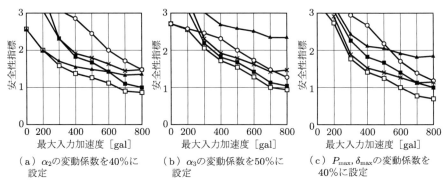

（a）α_2の変動係数を40％に 　（b）α_3の変動係数を50％に 　（c）$P_{\max}, \delta_{\max}$の変動係数を
　　　設定　　　　　　　　　　　　　設定　　　　　　　　　　　　　　40％に設定

　—□— RC橋脚の安全性　　　—※— 曲げ耐力に対する安全性　　　—■— RC橋脚の安全性（表5.5の値を使用）
　—▲— せん断耐力に対する安全性　—○— 変形能に対する安全性

図 5.14　各不確定要因の変動係数を変更したときの安全性指標

なお，これらの図には，各確率変数の変動係数を表 5.5 に設定した値としたときの
RC 橋脚の安全性指標の値も併せて示している．

　図 5.14(a) から，α_2 の変動係数の増加により，つまり算定したせん断耐力にかな
りばらつきがあると仮定したときには，せん断耐力に対する安全性照査が無視でき
ない状態となり，結果として RC 橋脚の安全性を低下させている．確かに，せん断
耐力算定式のもつ誤差を表す変動係数を 40％とすることは過大評価かもしれない
が，耐力比 1.32 をもつ橋脚 B であっても，せん断耐力算定式のもつばらつきによっ
ては，せん断耐力に対する安全性照査が無視できないものとなる．したがって，耐
力比の小さい曲げ破壊先行型の橋脚においては，せん断耐力算定式のもつばらつき
の程度により，これが橋脚の保有する安全性へ大きく影響を及ぼすと思われる．

　次に，靱性率算定式のもつ誤差を表す変動係数を 40％から 50％にした図 (b) か
ら，橋脚 B では，靱性率算定式の精度が橋脚の安全性評価にあまり影響を与えてい
ないことがわかる．これは橋脚 B がすでに曲げ耐力に対する安全性照査から算定さ
れる安全性指標で，RC 橋脚の安全性をおよそ近似できるためである．結果として，
設計においては，橋脚の安全性にもっとも影響を与える限界状態に対して十分な配
慮をすればよいということになる．

　最大慣性力および最大応答変位の変動係数を変更して解析した図 (c) では，耐力
算定式のそれを変更した場合と異なり，変動係数を 20％として解析した図 5.9(b)
と比較しても，三つの限界状態から算定される個々の安全性指標の大小関係は変化
しておらず，最大入力加速度の増加に対する安全性指標の減少の割合は，変動係数
の値にかかわらず同一である．したがって，地震時の橋脚の挙動を表現する構造解

析の精度が上がれば，考慮する確率変数の変動係数を小さく設定することができ，それがそのまま橋脚の安全性を高く評価できることと結びつく．これにより，ある目標とする安全性指標を得るための設計を行う際，より経済的な設計を行うことが可能となる．

5.4.3　構造系信頼性評価法の RC 橋脚の耐震設計法への適用

　現行の示方書に従って設計された RC 橋脚は，採用された安全係数の値や設計断面力に対して，どの程度安全性が確保されているかを設計者が把握することはできない．一方で，曲げ破壊先行型の橋脚であっても，その橋脚の安全性を表す安全性指標は，曲げ耐力と設計曲げモーメントとの安全性の検討から算定される安全性指標での値では近似できず，せん断耐力および変形能に対する安全性の検討を同時に行うことによって，はじめて橋脚の安全性を正しく評価できることが 5.4.2 項までの解析から明らかになった．

　ここでは，これまで述べた RC 橋脚の耐震安全性評価から得られた知見をもとに，設計者が目標とする安全性を確保することのできる RC 橋脚の耐震設計法について検討する．

　構造系信頼性評価法をもとにして，目標安全性指標に対して各耐力や鉄筋量を算定するためのもっとも直接的な方法は，さまざまな鉄筋量をもつ橋脚に対して，その安全性指標を順次算定していき，目標安全性指標に近づけていくことだろう．逆に，この試行錯誤的な方法によらないでこの問題を定式化することは，非常に困難な作業を伴う．なぜなら，複数の限界状態に対して，個々の限界状態の中でそれぞれの設計点を見出し，かつ，それを目標安全性指標を得るように，全体の破壊事象の中で矛盾することなく整合させなければならないからである．

　そこで，複数の限界状態から構成される RC 橋脚の破壊事象を，曲げ耐力の照査による単一の限界状態の問題に帰着させ，信頼性理論に基づく耐震設計への適用を試みる．適用にあたり，以下の仮定を設けた．

- RC 橋脚の耐力比としては，曲げ耐力の 1.7 倍のせん断耐力を与える．
- 変位によって生じる付加モーメントは，設計曲げモーメントに対して 1 割程度である．そこで，計算を簡略化するため，曲げ耐力の照査にあたり，その影響を無視する．したがって，曲げ耐力と作用曲げモーメントとの安全性の検討に対する限界状態式は次式のようになる．

$$g_1 = \alpha_1 M_{\mathrm{u}} - P_{\max} \cdot a \tag{5.64}$$

- 各確率変数の変動係数の値は，表 5.5 の値を適用する．
- すべての確率変数は，互いに独立な正規分布に従う．

一つ目の仮定を設けることで，橋脚の安全性は単に式 (5.64) から算定される安全性指標の値により近似することができる．しかも，与えられた曲げ耐力に対して，橋脚の安全性が最適な状態となることが明らかとなっている．さらに，構造系信頼性評価法では，式 (5.64) のような単一な限界状態から安全性指標を算定する計算法として Rosenblatt 変換を用いた手法を提案したが，この手法では，目標安全性指標を得るための設計点を見出すことは容易ではない．そこで，四つ目の仮定を設け，簡便にその設計点を算定できる 2 次モーメント規範に従った繰り返し法を用いることができるようにした．これにより，目標安全性指標を得るために必要な曲げ耐力は，設計時に想定する地震時作用最大慣性力ごとに次式に示すフォーマットで算定できる．

$$\overline{M_{\mathrm{u}}} = \gamma \cdot \overline{P_{\max}} \cdot a \tag{5.65}$$

ここで，$\overline{M_{\mathrm{u}}}$ は設計曲げ耐力，$\overline{P_{\max}}$ は地震応答解析から得られる最大慣性力，γ は目標安全性指標を確保するために必要な設計係数である．

さらに，設計曲げ耐力が式 (5.65) によって決定されれば，その曲げ耐力を得るための軸方向鉄筋量が定まる．これにより，帯鉄筋以外の受けもつ設計せん断耐力が算定されるので，一つ目の仮定および式 (5.58) により，設計曲げ耐力算定時の目標安全性を確保するために必要な帯鉄筋量 A_{w} は，次式により算定される．

$$A_{\mathrm{w}} = \frac{1.7\gamma\overline{P_{\max}} \cdot a - V_{\mathrm{c}}}{\sigma_{\mathrm{sy}} \cdot d \cdot (\sin\theta + \cos\theta)/(1.15s)} \tag{5.66}$$

目標安全性指標 β を 0〜3 としたときの式 (5.66) に，ある設計係数 γ を求めた結果を図 5.15 に示す．たとえば，RC 橋脚の安全性指標として $\beta = 1.0$ を確保したい

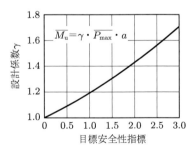

図 5.15 目標安全性を確保する設計係数

ときには，想定する地震に対する応答解析から得られる最大慣性力の約 1.2 倍の曲げ耐力を与え，かつ，式 (5.66) から求められる帯鉄筋量を配筋すればよい.

各耐力算定式のもつ不確定要因の大きさの相違や耐力比が小さいと，橋脚は脆性的な破壊を生じる可能性がある. このため，複数の限界状態を同時に考慮することにより算定される RC 橋脚の安全性を表す安全性指標は，曲げ耐力と作用曲げモーメントの比較から算定される安全性指標よりも小さくなることが，これまでの検討で明らかになっている. 式 (5.65) で求められる曲げ耐力を橋脚に与えても，せん断耐力をこの曲げ耐力に達するときのせん断力をわずかに上回る程度にしか与えないならば，RC 橋脚の安全性は式 (5.65) で考慮した目標安全性指標を確保できず，危険側の設計をすることになる. そこで，式 (5.66) を満たす帯鉄筋量を与えることで，RC 橋脚の安全性は曲げ耐力と作用曲げモーメントとの検討で代表させることができ，これによりはじめて RC 橋脚は，目標安全性指標が確保された設計となる.

なお，「2007 年制定 コンクリート標準示方書 設計編」11 章 (耐震性に関する照査) では，「構造上塑性ヒンジの発生を許容する部分には十分な量の帯鉄筋を配置するなどして，十分な靭性をもたせておくことが大切である. 具体的には，ヒンジ部の曲げせん断耐力比を 2 倍程度確保するのがよい」としている. これは，耐震設計では設計地震荷重の適切な評価には困難を伴うが，帯鉄筋をこの程度配置することにより，柱部材に十分な靭性を確保できることが実験的にも実証されており，また，レベル II の地震の作用に対し，耐震性能 3 (自重を保持し崩落を防ぐ) をわずかなコスト増で満足させることが可能なためとされている. 上に述べたように信頼性解析においても，このような設計上の対処は適切であると判断される.

演習問題

5.1 コンクリート標準示方書における耐震規準の変遷について調べよ.

5.2 道路橋示方書における耐震規準の変遷について調べよ.

5.3 最近起こった地震によるコンクリート構造物，鋼構造物および地盤の被害の特徴を調べ，設計施工時に基準とした設計規準との関係を調べよ.

第6章

構造システムの安全性検証法

　これまでは，単一部材において生じる可能性のある一つあるいは複数の限界状態や破壊事象に対し，破壊確率を安全性の尺度とする安全性評価法および破壊確率算定法について述べてきた．しかし，構造物は，独立橋脚のように柱と考えられる単一部材もあれば，ラーメン構造物のように多くのはりや柱部材からできている構造もある．また，一般の橋梁のような構造物は，上部工，下部工，基礎，支承など複数の部位・部材から成り立っている．このように，多くの構造物は単一部材ではなく複数の部位・部材が組み合わされて一つの構造体を形成しており，構造物は一つのシステムと考えることができる．

　システムの安全性を考える際，損傷した要素を修理する場合と修理しない場合とがある．また，各要素の損傷発生が統計的に独立かどうかという点が重要となる．いくつかの構成要素が共通の設計法に基づき製造されたり，製造欠陥がある場合や，一部の要素が損傷すると残りの要素の負担が増大する場合，さらには共通の外的因子により多数の要素が同時に損傷するような場合には，独立性は必ずしも保証されない．

　システムを構成する要素のうちのどれか1個でも損傷すると，システムとして機能しなくなるような系を直列システムという．これに対して，同じ機能をもつ要素を2個以上もち，それらのうち1個が損傷してもシステムの機能が失われない系を並列システム(冗長系ともいう)という．一般に並列システムを採用すると信頼性は高くなる．

　本章では，システムの信頼性をその構成要素の信頼性から求める方法について述べる．基本システムとして直列システムと並列システムの二つをとりあげる．

6.1　要素の損傷が独立なシステムの信頼性

　部材や要素の挙動として，完全に脆性的あるいは完全に延性的な場合には理想化できる．要素が完全に脆性的とは，最大荷重に達した状態以降は完全に耐荷能力を失う挙動を示すことである．また，完全に延性的とは，最大荷重に達した以降もその荷重水準を維持する挙動を示すことである．図6.1にそれらの挙動の模式図およ

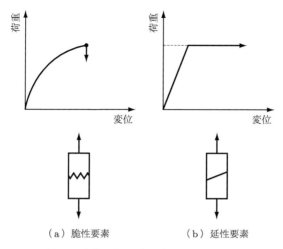

（a）脆性要素 　　　（b）延性要素

図 6.1 　脆性要素と延性要素の挙動と表現法

び要素の表現法について示す．実際の部材や要素は，必ずしもこのように明確に分類できるわけではないが，一つのモデル化の方法として有効である．

6.1.1 　直列システム

　直列システムとは，各構成要素が直列に連結されていて，そのうちどれか一つの要素が破損（破壊）すると，システムも破損（破壊）するものである．静定トラスは，どれか 1 要素（部材）の破壊によりトラス全体の崩壊を引き起こすので，直列システムでモデル化できる．n 個の要素（部材）からなる静定トラスは，図 6.2 のように直列システムとしてモデル化できる．

　直列システムでは，要素が脆性的であろうが延性的であろうが，どれか一つの要素が破損したらシステム全体は機能しなくなるので，要素の力学的特性を問題とす

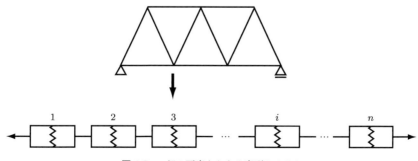

図 6.2 　n 個の要素からなる直列システム

る必要がない．図のように，構造システムを直列としてモデル化する場合には，要素破損が全体破損(構造物の破壊)とどのような関係になっているかを示しているだけである．

要素 i の強度 R_i に対する確率分布関数を F_{R_i} とし，要素の強度は互いに独立とする．このとき，システムの強度 R の確率分布関数 $F_R(r)$ は次式のようになる．

$$
\begin{aligned}
F_R(r) &= \Pr[R \le r] = 1 - \Pr[R > r] \\
&= 1 - \Pr\left[(R_1 > r_1) \cap (R_2 > r_2) \cap \cdots \cap (R_n > r_n)\right] \\
&= 1 - (1 - F_{R_1}(r_1))(1 - F_{R_2}(r_2)) \cdots (1 - F_{R_n}(r_n)) \\
&= 1 - \prod_{i=1}^{n} \left(1 - F_{R_i}(r_i)\right)
\end{aligned} \tag{6.1}
$$

荷重作用 S の確率密度関数を $f_S(r)$ とすると，このシステムの破壊確率は次式のようになる．

$$
\begin{aligned}
p_{\mathrm{f}} &= \int_{-\infty}^{\infty} F_R(r) f_S(r) \mathrm{d}r = \int_{-\infty}^{\infty} \left\{ 1 - \left(\prod_{i=1}^{n}(1 - F_{R_i}(r_i)) \right) \right\} f_S(r)\, \mathrm{d}r \\
&= \int_{-\infty}^{\infty} f_S(r)\, \mathrm{d}r - \int_{-\infty}^{\infty} \prod_{i=1}^{n}(1 - F_{R_i}(r_i)) f_S(r)\, \mathrm{d}r \\
&= 1 - \int_{-\infty}^{\infty} \prod_{i=1}^{n}(1 - F_{R_i}(r_i)) f_S(r)\, \mathrm{d}r
\end{aligned} \tag{6.2}
$$

一般に，単一要素の破壊確率に対し，複数の要素からなる直列システムの破壊確率は大きくなる．

各要素 i が正しく機能している確率，すなわち信頼度を R_{E_i} とすると，直列システムの信頼度 $R_{E_{\mathrm{S}}}$ は各要素が破損しない確率の積に等しいから次式が成り立つ．

$$
R_{E_{\mathrm{S}}} = \prod_{i=1}^{n} R_{E_i} \tag{6.3}
$$

$R_{E_1} = R_{E_2} = \cdots = R_{E_n} = R_{\mathrm{c}}$ とおくと，

$$
R_{E_{\mathrm{S}}} = R_{\mathrm{c}}^{n} \tag{6.4}
$$

となる．これらを図示すると図 6.3 のようになる．要素数 n の増加につれて直列システムの信頼度 $R_{E_{\mathrm{S}}}$ は急激に低下する．これは直列システムの大きな特徴である．

式 (6.3) からわかるように，直列システムの信頼度 $R_{E_{\mathrm{S}}}$ は，各要素の信頼度 R_{E_i} の中の最小値より高くはなりえない．したがって，信頼度が低い要素が一つでも含まれていると，他の要素の信頼度が高くても直列システムの信頼度は高くなりえな

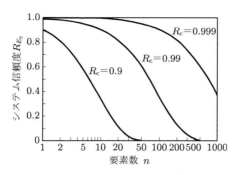

図 6.3　直列システムの信頼度

い．すなわち，直列システムはそれと同じ構成要素をもつあらゆるシステムのうちで信頼度が最低のシステムである．

例題 6.1　直列システムの故障率は，要素故障率の和に等しいことを示せ．

解　要素故障率を $\lambda_i(t)$ $(i = 1, 2, \cdots, n)$ とし，システムの故障率を $\lambda_s(t)$ とすると，式 (4.13) から ($t = 0$ で信頼度 1 という初期条件を与える)，

$$R_s(t) = \exp\left(-\int_0^t \lambda_s(t)\,\mathrm{d}t\right)$$

$$R_i(t) = \exp\left(-\int_0^t \lambda_i(t)\,\mathrm{d}t\right)$$

となる．これを式 (6.3) $R_s(t) = \prod_{i=1}^n R_i(t)$ に代入すると，

$$\exp\left(-\int_0^t \lambda_s(t)\,\mathrm{d}t\right) = \prod_{i=1}^n \exp\left(-\int_0^t \lambda_i(t)\,\mathrm{d}t\right) = \exp\left(-\sum_{i=1}^n \int_0^t \lambda_i(t)\,\mathrm{d}t\right)$$

$$= \exp\left\{-\int_0^t \left(\sum_{i=1}^n \lambda_i(t)\right)\mathrm{d}t\right\}$$

となるから，これから $\lambda_s(t) = \sum_{i=1}^n \lambda_i(t)$ となり，直列システムではシステムの故障率は要素故障率の和になる．

例題 6.2　直列システムにおいて各要素の寿命がすべて指数分布に従うとき，システムの平均寿命を求めよ．

解　式 (6.4) からシステム信頼度は，次式のようになる．

$$R_{E_S}(t) = \exp\{-(\lambda_1 + \lambda_2 + \cdots + \lambda_n)t\}$$

λ_i $(i = 1, 2, \cdots, n)$ が時間によらず一定の場合，システムの寿命の密度関数 $f_s(t)$ は，

$$f_s(t) = -\frac{\mathrm{d}R_{E_S}}{\mathrm{d}t} = (\lambda_1 + \lambda_2 + \cdots + \lambda_n)\exp\{-(\lambda_1 + \lambda_2 + \cdots + \lambda_n)t\}$$

となり，やはり指数分布である．したがって，システムの平均寿命 μ_{s} は，

$$\mu_{\mathrm{s}} = \frac{1}{\lambda_{\mathrm{s}}} = \frac{1}{\lambda_1 + \lambda_2 + \cdots + \lambda_n}$$

となり，$\lambda_1 = \lambda_2 = \cdots = \lambda_n = \lambda_{\mathrm{c}}$ の場合には

$$\mu_{\mathrm{s}} = \frac{1}{n\lambda_{\mathrm{c}}} = \frac{\mu_{\mathrm{c}}}{n}$$

となり，要素の平均寿命 μ_{c} の $1/n$ となる

6.1.2　並列システム

　直列システムは構成されるある一つの要素の破壊が全体の破壊につながるが，並列システムにおいては，ある一つの要素が破壊してもシステムの破壊につながるとはいえない．これは，破壊せずに残っている要素が荷重の再配分によって，外力に耐えることができるからである．したがって，並列システムにおいては，その挙動は，要素が完全延性であるか，完全脆性であるかに依存し，すべての要素が破壊して初めてシステムが破壊したといえる．このため，並列システムにおいては，要素が脆性的か延性的かということが，システムの信頼性に大きな影響を与えることになる．

　以下に並列システムの例を示す．

（1）　n 個の完全延性要素からなる並列システム

　図 6.4 に示すような n 個の完全延性要素からなる並列システムを考える．

　完全延性要素の仮定から，このシステムの強度 R は次式のようになる．

$$R = \sum_{i=1}^{n} R_i \tag{6.5}$$

ここで，R_i は要素 i の強度を表す確率変数である．

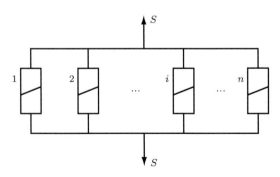

図 6.4　n 個の完全延性要素からなる並列システム

確率変数 R_i $(i = 1, 2, \cdots, n)$ は互いに独立とし，正規分布 $N(\mu_i, \sigma_i^2)$ に従うとすると，R もまた正規分布 $N(\mu_R, \sigma_R^2)$ をする．R の平均と分散は次式のようになる．

$$E[R] = \mu_R = \sum_{i=1}^{n} \mu_i \tag{6.6}$$

$$Var[R] = \sigma_R^2 = \sum_{i=1}^{n} \sigma_i^2 \tag{6.7}$$

中心極限定理より R_i $(i = 1, 2, \cdots, n)$ の分布が非正規であっても，n の値が大きい場合には，R は正規分布をすると考えてよい．

このように，完全延性要素からなる並列システムは，システムの強度 R と個々の要素の強度 R_i $(i = 1, 2, \cdots, n)$ との関係は簡潔である．

例題 6.3 図 6.5 のように，二つの要素 1, 2 が並列で，それと第 3 の要素とが直列につながっているシステムを考える．要素はすべて完全延性要素とする．各要素の強度の平均や標準偏差は，$E[R_1] = E[R_2] = 10$ kN, $\sigma_{R_1} = \sigma_{R_2} = 1$ kN で，R_1, R_2 は正規分布をするものとする．R_3 は，(18 kN, 22 kN) で一様分布をし，R_1, R_2, R_3 は互いにに独立とする．このとき全システムの強度の確率分布関数を求めよ．

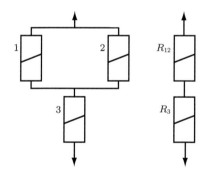

図 6.5 並列と直列の組み合わせシステムの例

解 まず，要素 1, 2 からなる並列システムを考える．このシステムの強度 R_{12} の平均と標準偏差は $E[R_{12}] = 20$ kN, $\sigma_{R_{12}} = \sqrt{2}$ kN で正規分布をする．また，要素 3 の強度は一様分布であるので，その確率分布関数は次式のようになる．

$$F_{R_3} = \begin{cases} 0 & (r < 18) \\ \dfrac{1}{4}r - \dfrac{9}{2} & (18 \leq r \leq 22) \\ 1 & (22 < r) \end{cases}$$

よって，全システムの強度の確率分布関数は次式のようになる．

$$F_R(r) = 1 - \left\{ 1 - \Phi\left(\frac{r-20}{\sqrt{2}}\right) \right\} (1 - F_{R_3}(r))$$

$$= \Phi\left(\frac{r-20}{\sqrt{2}}\right) + F_{R_3}(r) - \Phi\left(\frac{r-20}{\sqrt{2}}\right) F_{R_3}(r)$$

ここで，Φ は標準正規分布関数 $N(0, 1^2)$ である．

(2)　n 個の完全脆性要素からなる並列システム

図 6.6 に示すシステムは，完全脆性要素からなる並列システムである．このシステムでは，もし一つの要素が破損すると，その要素の耐荷能力は失われるが，他の要素が荷重の再配分により，システムの完全な破損を防止する場合とそうでない場合とがある．

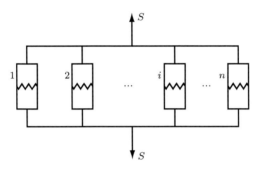

図 6.6　完全脆性要素からなる並列システム

$1, 2, \cdots, n$ の各要素の強度を $r_1, r_2, \cdots, r_n$ とし，$r_1 < r_2 < \cdots < r_n$ とする．この並列システムの強度は次式で表される．

$$r = \max\{nr_1, (n-1)r_2, \cdots, 2r_{n-1}, r_n\} \tag{6.8}$$

各要素の強度には序列がついているので，まず，最初に破損するのは強度の一番小さい要素 1 である．そのとき，システムがもし全体破損したとすると，すべての要素に平等に r_1 ずつ荷重が作用していたわけだから，そのときのシステムの強度は nr_1 と評価される．システムが破損しなければ，要素 1 が負担していた荷重 r_1 は，残りの $(n-1)$ 個の要素に，それぞれ $(r_1/(n-1))$ ずつ負担させられることになる．その状態で全体破損が生じなければ，次に破損するのは 2 番目に強度の小さい要素 2 である．要素 2 の破損と同時に全体破損が生じたとすれば，$(n-1)$ 個の要素にそれぞれ荷重 r_2 が作用していたことになり，システムの強度は $((n-1)r_2)$ と評価される．全体破損が生じなければ，要素 2 が負担していた荷重は，残存している

$(n-2)$ 個の要素に，それぞれ $(r_2/(n-2))$ ずつ負担させられることになる．全体破損が生じなければ，次に破損するのは3番目に強度の小さい要素3である．

このように順次考えていけばよく，強度の小さい要素から順次 $(n-1)$ 個の要素が破損し，全体システムが破損しなければ，そのときのシステムの強度は r_n となる．したがって，完全脆性システムからなる並列システムの強度は，$(nr_1, (n-1)r_2, \cdots, 2r_{n-1}, r_n)$ のうちの最大値となる．

一般に，不静定構造物の破損を考えるには，各要素の力学的特性（延性か脆性か）を考慮し，要素を並列に並べるシステムでモデル化できる．その際，要素間の相関と破損モード間の相関を考慮することが重要となる．

例題 6.4　要素数 n，各要素の故障は互いに独立している並列システムの信頼度を算定せよ．さらに，並列システムの特徴について述べよ．

解　システムの故障確率（不信頼度）F_s は，各要素の故障確率（不信頼度）F_i の積となるから，以下のようになる．

$$F_s(t) = \prod_{i=1}^{n} F_i(t)$$

これを信頼度を用いて表すと，$1 - R_{E_S}(t) = \prod_{i=1}^{n} (1 - R_{E_i}(t))$ となる．

R_{E_i} を各要素の信頼度とすると，並列システムの信頼度 $R_{E_S}(t)$ は次式のようになる．

$$R_{E_S}(t) = 1 - \prod_{i=1}^{n} (1 - R_{E_i}(t))$$

なお，並列要素の一部が故障すると，残りの要素にかかる負荷が変化する場合には，独立性の仮定はくずれるので，上式は成り立たない．

$R_{E_1} = R_{E_2} = \cdots = R_{E_n} = R_c$ の場合の並列システムについて考察する．

$F_s = F_c^n$ であり，信頼度は $R_{E_S} = 1 - (1 - R_c)^n$ となる．これを図示すると図6.7のようになる．要

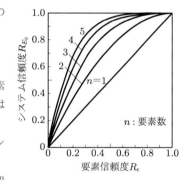

図6.7　並列系システムの信頼度

素信頼度がそれほど高くなくても並列システムにすることで信頼性が向上することがわかる．

例題 6.5　n 個の要素数からなる並列システムにおいて，各要素が同一の故障率 λ_c をである指数分布に従うとき，システムの平均寿命 μ_s を求めよ．

解　要素信頼度は $R_c = \exp(-\lambda_c t)$ となる．

システムの信頼度 $R_{E_S}(t)$ は，例題6.4から，

$$R_{E_\mathrm{S}}(t) = 1 - (1 - e^{-\lambda_c t})^n$$

となり，システムの寿命の確率密度関数は，

$$f_\mathrm{s}(t) = -\frac{\mathrm{d}R_{E_\mathrm{S}}}{\mathrm{d}t} = n(1 - e^{-\lambda_c t})^{n-1}\lambda_c e^{-\lambda_c t}$$

となる．よって，システムの平均寿命 μ_s は，

$$\mu_\mathrm{s} = \int_0^\infty R_{E_\mathrm{S}}(t)\,\mathrm{d}t = \int_0^\infty \{1 - (1 - e^{-\lambda_c t})^n\}\mathrm{d}t$$

となる．ここで，$z = 1 - e^{-\lambda_c t}$ とおくと，

$$\mu_\mathrm{s} = \frac{1}{\lambda_c}\int_0^1 \frac{1 - z^n}{1 - z}\,\mathrm{d}z = \frac{1}{\lambda_c}\int_0^1 (1 + z + z^2 + \cdots + z^{n-1})\,\mathrm{d}z$$
$$= \frac{1}{\lambda_c}\left(1 + \frac{1}{2} + \frac{1}{3} + \cdots + \frac{1}{n}\right) = \left(1 + \frac{1}{2} + \frac{1}{3} + \cdots + \frac{1}{n}\right)\mu_c$$

となる．ただし，μ_c は要素の平均寿命である．

例題 6.6　図 6.8 のように，直列システムと並列システムを取り入れたシステムのそれぞれの信頼度 R_{E_S} を求めよ．各要素の信頼度は R_{E_i} $(i = 1, 2, 3, 4)$ とせよ．

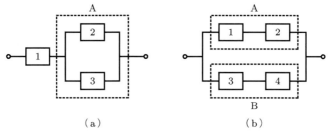

（a）　　　　　　　　　　　（b）

図 6.8　直列と並列の混合システム

解　**図 (a) の場合**：図の点線で囲んだサブシステム A の信頼度を R_{E_A} とすると，システム全体は要素 1 と要素 A との直列システムであるので，システム全体の信頼度は $R_{E_\mathrm{S}} = R_{E_1}R_{E_\mathrm{A}}$ となる．また，要素 A は要素 2 と 3 の並列システムであり，その信頼度は $R_{E_\mathrm{A}} = 1 - (1 - R_{E_2})(1 - R_{E_3})$ となる．よって，システム全体の信頼度は，$R_{E_\mathrm{S}} = R_{E_1}R_{E_\mathrm{A}} = R_{E_1}\{1 - (1 - R_{E_2})(1 - R_{E_3})\}$ となる．

図 (b) の場合：図の点線で囲んだサブシステムをそれぞれ A，B とすると，システムは A，B の並列システムとなるので，システムの信頼度は $R_{E_\mathrm{S}} = 1 - (1 - R_{E_\mathrm{A}})(1 - R_{E_\mathrm{B}})$ となる．また，A，B はそれぞれ直列システムから成り立っているので，これらの信頼度は $R_{E_\mathrm{A}} = R_{E_1}R_{E_2}$，$R_{E_\mathrm{B}} = R_{E_3}R_{E_4}$ となる．したがって，システム全体の信頼度は $R_{E_\mathrm{S}} = 1 - (1 - R_{E_\mathrm{A}})(1 - R_{E_\mathrm{B}}) = 1 - (1 - R_{E_1}R_{E_2})(1 - R_{E_3}R_{E_4})$ となる．

例題 6.7　図 6.9(a) のように n 個の要素の直列システムを m 重並列にした場合と，図 (b) のように m 個の要素を並列にしたシステムを n 群直列システムにした場合とで，システムの信頼度 R_{E_S} を比較せよ．

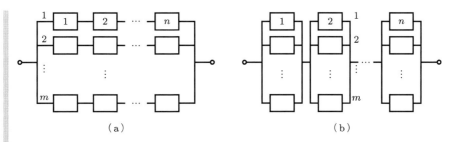

図 6.9　直列と並列の混合システム

解　直列システムの要素 $1 \sim n$ の信頼度を $R_{E_1}, R_{E_2}, \cdots, R_{E_n}$ とし，m 重の並列冗長とすると，図 (a) の場合，システム全体の信頼度は，次式のようになる．

$$R_{E_S} = 1 - (1 - R_{E_1} R_{E_2} \cdots R_{E_n})^m$$

図 (b) の場合，システム全体の信頼度は，次式のようになる．

$$R_{E_S} = \prod_{i=1}^{n} \left\{ 1 - (1 - R_{E_i})^m \right\}$$

一般に，図 (a) より図 (b) のほうが信頼性は高くなる．これは，図 (a) の場合にはある要素が故障すると，その要素を含む直列システムの他の要素が無駄になってしまうからである．

6.2　構造システムに対する信頼度の限界値

前節では，システムを直列システムあるいは並列システムにモデル化することを考えた．一般に，そのようなモデル化に対し，厳密に破壊確率を算定することは困難である．しかし，破壊確率の上限値および下限値を定式化することは可能である．ここでは，直列システムおよび並列システムに対する破壊確率や信頼性指標の限界値などについて述べる．

6.2.1　n 個の要素の直列システム

等しい相関係数 ρ をもつ n 個の要素からなる直列システムの破壊確率 p_f は，以下のように算定される．

$$p_f(\rho) = 1 - \int_{-\infty}^{\infty} \left\{ \Phi \left(\frac{\beta_e + \sqrt{\rho} t}{\sqrt{1 - \rho}} \right) \right\}^n \varphi(t) \, dt \tag{6.9}$$

ここで，β_e は n 個の要素すべてに対する共通安全性指標，ρ は任意の要素間の共通相関係数，Φ，φ は標準正規分布の確率分布関数および確率密度関数である．

図 6.10 に，$\beta_e = 3$ のときの相関係数 ρ と破壊確率 p_f との関係を示す．

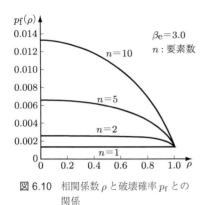

図 6.10　相関係数 ρ と破壊確率 p_f との
　　　　関係

図 6.11　相関係数 ρ と信頼性指標との
　　　　関係

p_f は ρ の増加につれて減少し，要素数 n の増加につれて増大することがわかる．また，直列システムに対する形式的安全性指標 β_s は次式で求められる．

$$p_\mathrm{f} = \Phi(-\beta_\mathrm{s}) \quad \Leftrightarrow \quad \beta_\mathrm{s} = -\Phi^{-1}(p_\mathrm{f}) \tag{6.10}$$

$\beta_\mathrm{e} = 2, 3$ および $n = 1, 2, 5, 10$ について，$\beta_\mathrm{s}/\beta_\mathrm{e}$ の値を計算すると，図 6.11 のようになる．要素の強度間の相関が増すと，直列システムの信頼性は増すことがわかる．

6.2.2　n 個の延性要素をもつ並列システム

各要素の強度 R_i が同一の正規分布 $N(\mu, \sigma^2)$ をするとする．n 個の要素からなる並列システムの強度は $R = \sum_{i=1}^{n} R_i$ となるので，システムの強度 R の平均と分散は次式のようになる．

$$E[R] = \sum_{i=1}^{n} E[R_i] = n\mu \tag{6.11}$$

$$Var[R] = \sum_{i=1}^{n} Var[R_i] + \rho \sum_{i,j=1,i \neq j}^{n} (Var[R_i] Var[R_j])^{1/2}$$
$$= n\sigma^2 + n(n-1)\rho\sigma^2 \tag{6.12}$$

ここで，ρ は要素間の共通相関係数である．

システムに作用する荷重を S，各要素の信頼性指標を β_e とすると，

$$S = \sum_{i=1}^{n} S_i = n\mu - n\beta_\mathrm{e}\sigma \tag{6.13}$$

となり，システムの信頼性 β_S は次式のようになる．

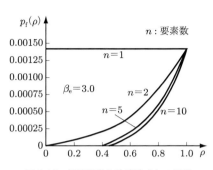

図 6.12 相関係数と破壊確率との関係

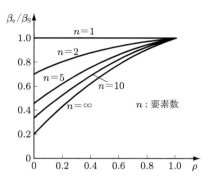

図 6.13 相関係数と安全性指標との関係

$$\beta_{\mathrm{S}} = \frac{E[R] - S}{(Var[R])^{1/2}} = \frac{n\mu - (n\mu - n\beta_{\mathrm{e}}\sigma)}{\{n\sigma^2 + n(n-1)\sigma^2\rho\}^{1/2}} = \beta_{\mathrm{e}}\sqrt{\frac{n}{1 + \rho(n-1)}} \tag{6.14}$$

図 6.12 に相関係数と破壊確率との関係を，図 6.13 に相関係数と安全性指標との関係を示す．

破壊確率は相関係数の増加とともに増加し，要素数の増加により減少している．$\beta_{\mathrm{S}}/\beta_{\mathrm{e}}$ の値は相関係数が減少するか，要素数が増加すると増大している．よって，相関をもつ要素からなる並列システムの破壊確率は，互いに独立と仮定すると小さめの値となる．

以下には，破壊確率の単純限界値と Ditlevsen 限界値を示す．

6.2.3　単純限界値と Ditlevsen 限界値

各要素が「破損」か「非破損」の二つの状態を考え，いずれか一つの状態しかとりえないものとする．要素が非破損状態ならば $F_i = 0$，破損状態ならば $F_i = 1$ とする指標変数 F_i の集合を定義する．

次式の関係は明らかである．

$$p_{\mathrm{f}} \geq \max_{i=1,n} \Pr[F_i = 1] \tag{6.15}$$

直列システムに対する破壊確率の上下限は，次式のようになる．

$$\max_{i=1,n} \Pr[F_i = 1] \leq p_{\mathrm{f}} \leq 1 - \prod_{i=1}^{n}\bigl(1 - \Pr[F_i = 1]\bigr) \tag{6.16}$$

上式の下限値は要素間に完全相関あり場合の破壊確率の厳密解であり，上限値は要素間にまったく統計的従属性がない場合の破壊確率に相当する．

　並列システムに対しては，すべての要素間に完全相関がある場合が上限値に対応し，任意の要素間が無相関である場合が下限値に対応するとして，上下限値が構成される．

$$\prod_{i=1}^{n} \Pr[F_i = 1] \leq p_{\mathrm{f}} \leq \min_{i=1,n} \Pr[F_i = 1] \tag{6.17}$$

　さらに，直列システムに対する破壊確率に対して，次式の上下限値(Ditlevsen 限界値)が知られている．

$$p_{\mathrm{f}} \leq \sum_{i=1}^{n} \Pr[F_i = 1] - \sum_{i=2}^{n} \max_{j<i} \Pr\left[(F_i = 1) \cap (F_j = 1)\right] \tag{6.18}$$

$$p_{\mathrm{f}} \geq \Pr[F_1 = 1] + \sum_{i=2}^{n} \max \left\{ \Pr[F_i = 1] - \sum_{j=1}^{i-1} \Pr\left[(F_i = 1) \cap (F_j = 1)\right], 0 \right\}$$
$$\tag{6.19}$$

演習問題

6.1　信頼度 0.90 の要素を 3 個並列にしたシステムの信頼度を求めよ．

6.2　信頼度 $R = 70\,\%$ の要素を並列に並べて，システムの信頼度を $95\,\%$ 以上とするには，少なくとも何個の要素が必要か．

6.3　(a) 図 6.14(a) のように，信頼度を 0.95 と 0.90 の要素を直列に並べたときのシステムの信頼度を求めよ．
　　(b) 図 (b) のように，図 (a) のシステムを 3 個並列にすると，信頼度はどうなるか．

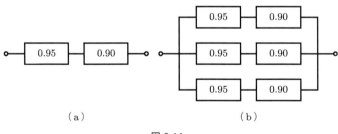

図 6.14

第7章

荷重の組み合わせ

ここでは，構造物の安全性の検証において重要となる荷重について，その種類と分類および組み合わせモデルについて述べる．

7.1 荷重の種類と分類

土木構造物に作用する荷重にはさまざまなものがある．たとえば，「コンクリート標準示方書」には考慮すべき荷重の種類として，死荷重，活荷重，土圧，水圧，流体力および浮力，温度の影響，風荷重，地震の影響，雪荷重，プレストレス力，コンクリートの収縮およびクリープ，施工時の荷重，衝突荷重などがあげられる．

これらの荷重は，作用する頻度，持続性および変動の程度によって，一般に永久荷重，変動荷重および偶発荷重に分類される．

永久荷重は，荷重の変動が平均値に比して無視できるほどに小さく，供用期間中持続的に作用する荷重であり，死荷重，プレストレス力，コンクリートの収縮，土圧，水圧などがある．

変動荷重は，変動が連続あるいは頻繁に起こり，平均値に比して変動が無視できない荷重であり，活荷重，温度変化の影響，風荷重，雪荷重などがある．

偶発荷重は，設計供用期間中に作用する頻度がきわめて少ないが，作用するとその影響が非常に大きい荷重であり，地震の影響，衝突荷重，強風の影響などがある．

「コンクリート標準示方書」では，これらの荷重の中から，永久荷重，主たる変動荷重または偶発荷重および従たる変動荷重を，施工中および設計供用期間中の検討すべき限界状態に応じて選択し，それぞれの荷重に対して適切な大きさの設計荷重を定めることにしている．なお，設計荷重は荷重の特性値に荷重係数を乗じて定めている．

終局限界状態の検討に用いる永久荷重，主たる変動荷重および偶発荷重の特性値は，設計供用期間を上回る再現期間における荷重の最大値または最小値（荷重が小さいほうが不利になる場合）の期待値とし，従たる変動荷重は付加的に考慮すべき荷重であるので，その特性値は主たる変動荷重より小さい値に設定される．

使用限界状態の検討に用いる荷重の特性値は，構造物の施工中および設計供用期

間中に比較的しばしば生じる大きさのものとし，検討すべき限界状態および荷重の組み合わせに応じて定める．

　設計荷重は，表 7.1 に示すように，限界状態に対し組み合わせる．終局限界状態に対する検討は，ある一組の変動荷重を主たる変動荷重とし，その他の変動荷重を従たる変動荷重とする荷重の組み合わせに対して行う．一般には主たる変動荷重をいくつか変えて検討することになる．偶発荷重を含む荷重の組み合わせでは，一般に一つの偶発荷重のみを考慮すればよい．使用限界状態に対する検討では，ひび割れや変形などの限界状態に対して，それぞれ検討すべき荷重の組み合わせを設定するので，とくに主たる変動荷重と従たる変動荷重を区別する必要はない．また，荷重係数は表 7.2 の値が用いられる．

表 7.1　設計荷重の組み合わせ

限界状態	考慮すべき組み合わせ
終局限界状態	永久荷重＋主たる変動荷重＋従たる変動荷重
	永久荷重＋偶発荷重＋従たる変動荷重
使用限界状態	永久荷重＋変動荷重
疲労限界状態	永久荷重＋変動荷重

表 7.2　荷重係数

限界状態	荷重の種類	荷重係数
終局限界状態	永久荷重	1.0～1.2*
	主たる変動荷重	1.1～1.2
	従たる変動荷重	1.0
	偶発荷重	1.0
使用限界状態	すべての荷重	1.0
疲労限界状態	すべての荷重	1.0

　※　自重以外の永久荷重が小さいほうが不利となる場合には，永久荷重に対する荷重係数を 0.9～1.0 とするのがよい．

7.2　荷重組み合わせモデル

　時間的に変動する一つの荷重の最大値分布は，すでに述べた漸近極値分布で近似できる．しかし，複数の時間変動荷重が構造物に組み合わさって作用するときには，個々の荷重過程の時間変動に関する詳細な情報と，確率過程論の知識が必要となる．すなわち，個々の過程の和として定義される確率過程が，ある期間内にある閾値を横断する確率を評価する問題となる．しかし，この問題は複雑であるので，実際の

荷重の過程を単純化した荷重組み合わせモデルのフローについて以下に説明する.

① 各荷重過程 $\{X_i\}$ に対しては,荷重は等間隔のいわゆる基本時間間隔 τ_i ごとにその値を変化させる.

② 対象とする期間 T は,等しい時間間隔 $\tau_i = T/n_i$ の n_i 個の区間に分けられる.n_i は繰り返し回数である.

③ 各基本時間間隔では,荷重は一定値を保つ.

④ 基本時間間隔内における荷重の値は,確率密度関数 f_{X_i} をもつ同一分布関数に従い,互いに独立な確率変数である.

⑤ 構造物内の変動は時間における変動に等しい,というエルゴード性をもつ.この仮定は,時間間隔における荷重強度が独立となるように時間間隔を決めていることを意味する.

　図 7.1 に基本時間間隔の模式図を示す.図 (a) は対象とする時間 T を n_i 個の等間隔に分割したものを示したもので,それぞれの時間間隔内では荷重の大きさは一定値である.図 (b) は n_i 個の荷重の大きさの確率密度関数 $f_{X_i}(x_i)$ を表している.

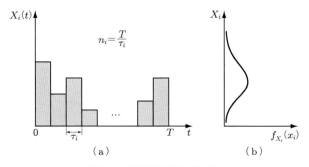

図 7.1 基本時間間隔の模式図

　荷重過程 $\{X_i\}$ の任意時点における確率密度関数を f_{X_i},確率分布関数を F_{X_i} とすると,期間 T における最大値分布は $[F_{X_i}(x_i)]^{n_i}$ となる.

(1) Turkstra らによるモデル

　設計で考慮すべき荷重過程 $(X_1(t)), (X_2(t)), \cdots, (X_r(t))$ の組み合わせを考えるとき,一番の関心事は,各荷重の和の最大値 $\max(X_1(t) + X_2(t) + \cdots + X_r(t))$ がどのようになるかである.一つの簡略化した考え方として,これを各荷重の最大値の和,すなわち $\max(X_1(t)) + \cdots + \max(X_r(t))$ と置き換えることがあるが,これは現実にはほとんど起こりえない組み合わせである.

　しかし，$\max(X_1(t) + X_2(t) + \cdots + X_r(t))$ を厳密に扱うには，複雑な確率過程となるので，何らかの近似が必要となる．Turkstra らは次式のような r 個の荷重の組み合わせを提案した．

$$\left.\begin{array}{l} Z_1 = \max_T(X_1(t)) + X_2(t^*) + \cdots + X_r(t^*) \\[4pt] Z_2 = X_1(t^*) + \max_T(X_2(t)) + \cdots + X_r(t^*) \\[2pt] \qquad\qquad\qquad \vdots \\[2pt] Z_r = X_1(t^*) + X_2(t^*) + \cdots + \max_T(X_r(t)) \end{array}\right\} \tag{7.1}$$

ここで，t^* は時間軸の任意の一点である．

　このモデルによれば，構造物の信頼性は，個々の荷重過程がそれぞれの最大値に達する各時点でのみ検討され，構造物の信頼度は過大に評価されるが，その影響は通常は小さいとされる．一般に，r 個の荷重に対しては 2^{r-1} 個の組み合わせを考慮することになる．

　例として，死荷重 (D)，活荷重 (L)，温度応力 (T)，地震作用 (E) の四つの荷重についての組み合わせを考える．死荷重を確定値と考えると，実用的荷重の組み合わせとして以下に示す 7 通りが考えられる．

　1）$D + L$

　2）$D + T$

　3）$D + L + T$

　4）$D + E$

　5）$D + L + E$

　6）$D + T + E$

　7）$D + L + T + E$

(2)　Ferry-Borges らによるモデル

　設計で考慮すべき荷重過程 $(X_1(t)), (X_2(t)), \cdots, (X_r(t))$ を，期間 T において，それぞれ繰り返し数 $n_1, n_2, \cdots, n_r$ をもつ矩形の荷重過程とする．荷重の数 $r = 2$ の場合と $r = 3$ の場合について，表 7.3 に組み合わせを示す．一般に，r 個の荷重の組み合わせを考えるときには，2^{r-1} 種類の異なる荷重の組み合わせを考慮することになる．

　ここでは，Ferry-Borges による荷重の組み合わせに関する確率モデルについて示す．なお，上記に示した記号と異なることを断っておく．

　荷重ベクトルを $\{S\}$，その成分を $S_1, S_2, \cdots, S_n$ とし，供用期間中それぞれの荷重の独立な繰り返し数を，$r_1, r_2, \cdots, r_n$ とする．たとえば，S_1 が永久荷重ならば，

表7.3 組み合わせ例

(a) $r = 2$ のとき

組合せ	繰り返し回数	
番号	荷重 X_1	荷重 X_2
1	n_1	n_2/n_1
2	1	n_2

(b) $r = 3$ のとき

組合せ	荷重繰り返し回数		
番号	荷重 X_1	荷重 X_2	荷重 X_3
1	n_1	n_2/n_1	n_3/n_2
2	1	n_2	n_3/n_2
3	n_1	1	n_3/n_1
4	1	1	n_3

$r_1 = 1$ である.

荷重ベクトル $\{S\}$ の領域を $S_i' \leq S_i \leq S_i''$ と定義する. 基本時間間隔において, 荷重 S_i の値が, $S_i' \sim S_i''$ に入る確率は $F_i(S_i'') - F_i(S_i') = \mathrm{d}F_i(S_i)$ となる. 荷重 S_i がこの領域外に出る確率は, $1 - \left(F_i(S_i'') - F_i(S_i')\right)$ となる. $\left\{1 - \left(F_i(S_i'') - F_i(S_i')\right)\right\}^{r_i}$ は, 供用期間中荷重がこの領域で生じない確率を表している. よって, 荷重 S_i が供用期間中少なくとも 1 回は領域 $S_i' \leq S_i \leq S_i''$ において生じる確率は, 次式のようになる.

$$F_{r_i}(S_i', S_i'') = 1 - \left\{1 - \left(F_i(S_i'') - F_i(S_i')\right)\right\}^{r_i} \tag{7.2}$$

また, 基本領域では次式のようになる.

$$\mathrm{d}F_{r_i}(S_i) = 1 - (1 - \mathrm{d}F_i(S_i))^{r_i} \tag{7.3}$$

異なる荷重 $S_i, \cdots, S_k$ に対し, 繰り返し数がすべて同じ r である場合, 荷重が領域 $\Delta S_{i,k} = (\Delta S_i, \cdots, \Delta S_k)$ に少なくとも 1 回は生じる確率は, 次式のようになる.

$$F_r(\Delta S_{i,k}) = 1 - \left\{1 - \prod_{j=i}^{k} \left(F_j(S_j'') - F_j(S_j')\right)\right\}^{r} \tag{7.4}$$

また, 基本領域では次式のようになる.

$$\mathrm{d}F_r(S_{i,\cdots,k}) = 1 - \left[1 - \prod_{j=i}^{k} \mathrm{d}F_j(S_j)\right]^{r} \tag{7.5}$$

異なる荷重に対し, 繰り返し回数も異なる場合, $S_1' \leq S_1 \leq S_1''$, $S_2' \leq S_2 \leq S_2''$, $\cdots$ の領域において少なくとも 1 回は生じる確率は, 次式のようになる.

$$F_{r_1, \cdots, r_n}(\Delta S) = 1 - \left\{1 - (F_1(S_1'') - F_1(S_1')) \times \right.$$
$$\left. \left(1 - \left(1 - (F_2(S_2'') - F_2(S_2'))\left(1 - \left(1 - \left(F_3(S_3'') - F_3(S_3')\right)(\cdots)\right)^{r_3/r_2}\right)\right)^{r_2/r_1}\right)\right\}^{r_1} \tag{7.6}$$

また，基本領域では次式のようになる．

$$\mathrm{d}F_{r_1, r_2, \cdots, r_n}(S) = 1 - \Bigg\{ 1 - \mathrm{d}F_1(S_1) \times$$

$$\left(1 - \left(1 - \mathrm{d}F_2(S_2) \left(1 - \left(1 - \mathrm{d}F_3(S_3) \cdots \right)^{r_3/r_2} \right) \right)^{r_2/r_1} \right)^{r_1} \Bigg\} \quad (7.7)$$

これは，荷重ベクトル S が，構造物の供用期間中少なくとも 1 回は領域 $\mathrm{d}S_1, \mathrm{d}S_2, \cdots,$ $\mathrm{d}S_r$ に同時に出現する確率である．

式 (7.7) において，$r_1 = 1$ とおくと，最初の括弧は，

$$1 - \left[1 - \mathrm{d}F_1(S_1)(\cdots) \right]^{r_1=1} = f(S_1)(\cdots) \mathrm{d}S_1$$

となる．これは，荷重の一つが永久荷重に対応する．

荷重発生確率が小さい場合，次式が成り立つ．

$$\mathrm{d}F_{r_n}(S_1, \cdots, S_n) = r_n f_1(S_1) \cdots f_n(S_n) \mathrm{d}S_1 \cdots \mathrm{d}S_n = r_n \prod_{i=1}^{n} f_i(S_i) \mathrm{d}S_i \tag{7.8}$$

この近似は，発生確率が小さく，$f_i(S_i)$ が 1 に比べて非常に小さい場合に用いることができる．

演習問題

7.1 「コンクリート標準示方書」や「道路橋示方書」において，設計荷重の考え方，荷重の組み合わせ方法について比較検討せよ．

演習問題略解

第1章

1.1 1.3節参照. 1.2 1.2節参照. 1.3 1.2節参照.

第2章

2.1 2.2.2項参照. 2.2 2.3節参照. 2.3 2.4.2項参照.
2.4 2.2.1項, 2.3.1項, 2.4.4項参照. 2.5 2.4.4項参照. 2.6 2.4.4項参照.
2.7 2.5.2項参照. 2.8 2.6節参照. 2.9 省略.

第4章

4.1 S を固定して, $S = s$ とする. このとき, 破壊確率 p_f は, $S = s$ となる確率と $18 \leq R \leq s$ となる確率の積である. したがって, 次式のようになる.

$$p_\mathrm{f} = \int_{18}^{20} f_S(s) \left(\int_{18}^{s} f_R(r)\, \mathrm{d}r \right) \mathrm{d}s = \int_{18}^{20} 0.1 \left(\int_{18}^{s} 0.2\, \mathrm{d}r \right) \mathrm{d}s = \int_{18}^{20} 0.1 [0.2r]_{18}^{s}\, \mathrm{d}s$$

$$= \int_{18}^{20} 0.1\{0.2(s-18)\}\, \mathrm{d}s = \int_{18}^{20} 0.02(s-18)\, \mathrm{d}s = 0.02 \left[\frac{1}{2}s^2 - 18s \right]_{18}^{20}$$

$$= 0.02 \left\{ \frac{1}{2}(20^2 - 18^2) - 18(20-18) \right\} = 0.04$$

4.2 $Z = R - S$ とおくと, Z の平均値 μ_Z と分散 σ_Z^2 は,

$$\mu_Z = \mu_R - \mu_S = 15 - 10 = 5$$
$$\sigma_Z^2 = \sigma_R^2 + (-1)^2 \sigma_S^2 = 3^2 + 5^2 = 9 + 25 = 34$$

となり, $Z : N(5, 34)$ とおける. したがって, 破壊確率 p_f は次式のようになる.

$$p_\mathrm{f} = \frac{1}{\sqrt{2\pi}\sigma_Z} \int_{-\infty}^{0} e^{-(1/2)\{(z-\mu_Z)/\sigma_Z\}^2}\, \mathrm{d}z = \frac{1}{\sqrt{2\pi}\sigma_Z} \int_{-\infty}^{-\mu_Z/\sigma_Z} e^{-(1/2)u^2} \sigma_Z\, \mathrm{d}u$$

$$= \frac{1}{\sqrt{2\pi}} \int_{-\infty}^{-\mu_Z/\sigma_Z} e^{-(1/2)u^2}\, \mathrm{d}u = \Phi \left(-\frac{\mu_Z}{\sigma_Z} \right) = 1 - \Phi \left(\frac{\mu_Z}{\sigma_Z} \right) = 1 - \Phi \left(\frac{5}{\sqrt{34}} \right)$$

$$= 1 - \Phi(0.86) = 1 - 0.8051 \quad (正規分布表(付表)より)$$

$$= 0.1956$$

よって, 破壊確率は約 2.0 である.

4.3 R は平均値 μ_R, 変動係数 10% より, 標準偏差が $0.1\mu_R$ となるため, $R : N(\mu_R, (0.1\mu_R)^2)$, S は平均値 100, 変動係数 30% より, 標準偏差が 30 となるため, $S : N(100, 30^2)$ とおける.

演習問題 4.2 と同様に，$Z = R - S$ とおくと，$Z : N(\mu_R - 100, (0.1\mu_R)^2 + 30^2)$ となるので，破壊確率 p_{f} は次式のようになる．

$$p_{\mathrm{f}} = 1 - \Phi\left(\frac{\mu_Z}{\sigma_Z}\right)$$
$$= 1 - \Phi\left(\frac{\mu_R - 100}{\sqrt{(0.1\mu_R)^2 + 30^2}}\right)$$

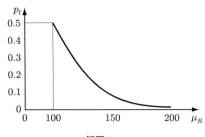

正規分布表を用い，$100 \leqq \mu_R \leqq 200$ について p_{f} を図示すると，解図 4.1 のようになる．

解図 4.1

4.4　R は平均値 μ_R，変動係数 20％より，標準偏差が $0.2\mu_R$ となるため，$R : N(\mu_R, (0.2\mu_R)^2)$，$S$ は平均値 200，変動係数 50％より，標準偏差が 100 となるため，$S : N(200, 100^2)$ とおける．

演習問題 4.2 と同様に，$Z = R - S$ とおくと，$Z : N(\mu_R - 200, (0.2\mu_R)^2 + 100^2)$ となるので，破壊確率 p_{f} は次式のようになる．

$$p_{\mathrm{f}} = 1 - \Phi\left(\frac{\mu_Z}{\sigma_Z}\right) = 1 - \Phi\left(\frac{\mu_R - 200}{\sqrt{(0.2\mu_R)^2 + 100^2}}\right)$$

ここで，$p_{\mathrm{f}} = 1.0 \times 10^{-3}$ とすると，正規分布表より，

$$\frac{\mu_R - 200}{\sqrt{(0.2\mu_R)^2 + 100^2}} \fallingdotseq 3.09$$

となる．これを解くと，R の平均値 μ_R は，$\mu_R \fallingdotseq 764.6$ となる．

4.5　R は平均値 μ_R，変動係数 5％より，標準偏差が $0.05\mu_R$ となるため，$R : N(\mu_R, (0.05\mu_R)^2)$，$S$ は平均値 200，変動係数 5％より，標準偏差が 10 となるため，$S : N(200, 10^2)$ とおける．

演習問題 4.2 と同様に，$Z = R - S$ とおくと，$Z : N(\mu_R - 200, (0.05\mu_R)^2 + 10^2)$ となるので，破壊確率 p_{f} は次式のようになる．

$$p_{\mathrm{f}} = 1 - \Phi\left(\frac{\mu_Z}{\sigma_Z}\right) = 1 - \Phi\left(\frac{\mu_R - 200}{\sqrt{(0.05\mu_R)^2 + 10^2}}\right)$$

ここで，$p_{\mathrm{f}} = 1.0 \times 10^{-3}$ とすると，正規分布表より，

$$\frac{\mu_R - 200}{\sqrt{(0.05\mu_R)^2 + 10^2}} \fallingdotseq 3.09$$

となる．これを解くと，$\mu_R \fallingdotseq 249.4$，160.4 となる．明らかに，$\mu_R > \mu_S$ であるので，求める μ_R は，$\mu_R \fallingdotseq 249.4$ となる．

4.6　(1) 問題の単純ばりにかかる力を図示すると，解図 4.2 のようになる．
　　まず，反力を求める．点 A，点 B の反力を V_A，H_A，V_B とする．力の

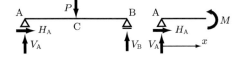

解図 4.2

つり合いより，次式のようになる．

$$\sum H = 0 : H_A = 0$$
$$\sum V = 0 : V_A + V_B = P$$
$$\sum M = 0 : 点 A まわりのモーメントのつり合いを考えると，次式のようになる．$$

$$P \cdot \frac{20}{2} - V_B \cdot 20 = 0$$
$$\therefore \ V_A = V_B = \frac{P}{2} = \frac{100}{2} = 50 \text{ kN}, \quad H_A = 0$$

次に，断面力を求める．AC 間について，点 A から右に x をとる $(0 \le x \le 10)$．x 断面に未知の断面力 M を仮定する．力のつり合いより，

$$\sum M = 0 : x 断面まわりのモーメントのつり合いを考えると，次式のようになる．$$

$$V_A \cdot x - M = 0$$
$$M = V_A \cdot x = 50x$$

したがって，スパン中央の作用曲げモーメントは $M_C = 50 \times 10 = 500$ kN·m となる．
(2) 断面の曲げ耐力算定にあたり，応力ブロックを仮定した．つり合い鉄筋比は次式のようになる．

$$p_b = \beta k_1 \frac{f_c'}{f_{yd}} \frac{\varepsilon_{cu}'}{\varepsilon_{cu}' + \varepsilon_y}$$

ここで，$k_1 = 1 - 0.003 f_c' = 1 - 0.003 \times 30 = 0.91$，$k_1 \le 0.85$ より，$k_1 = 0.85$，$\varepsilon_{cu}' = \dfrac{155 - f_c'}{30000} = \dfrac{155 - 30}{30000} = 0.00417$，$\varepsilon_{cu}' \le 0.0035$ より，$\varepsilon_{cu}' = 0.0035$ であり，

$$\beta = 0.52 + 80 \varepsilon_{cu}' = 0.52 + 80 \times 0.0035 = 0.8$$
$$\varepsilon_y = \frac{f_{yd}}{E_s} = \frac{345}{200000} = 0.001725$$

となる．

以上より，次式のようになる．

$$p_b = 0.8 \times 0.85 \times \frac{30}{345} \times \frac{0.0035}{0.0035 + 0.001725} = 0.0396 = 3.96\,\%$$

次に，引張鉄筋比 p_t をつり合い鉄筋比 p_b の 10 ％とする．つまり，$p_t = 0.1 p_b = 0.1 \times 0.0396 = 0.00396$ であり，最小鉄筋比 0.2 ％を満足する．したがって，$p_t = \dfrac{A_s}{bd}$ より，$d = \dfrac{A_s}{b p_t} = \dfrac{A_s}{1000 \times 0.00396} = \dfrac{A_s}{3.96}$ となる．

また，引張破壊を仮定すると，中立軸高さ $a = \dfrac{A_s f_{yd}}{k_1 f_c' b} = \dfrac{A_s \cdot 345}{0.85 \cdot 30 \cdot 1000} = \dfrac{345 A_s}{25500}$ 曲げ耐力 $M_u = A_s f_{yd}(d - 0.5a) = A_s \cdot 345 \cdot \left(\dfrac{A_s}{3.96} - 0.5 \cdot \dfrac{345 A_s}{25500} \right) = 84.79 A_s^2$ となる．作用曲げモーメントは，$M_C = 500$ kN·m であるので，$M_u \ge M_C$ となるように有効高さ d および引張鉄筋量 A_s を定めればよい．つまり，$84.79 A_s^2 \ge 5.0 \times 10^8$ N·mm とな

り，これを解くと，$A_s \geq 2428.4$ mm^2 である．D29 を 4 本使用すると，$A_s = 2570$ mm^2 となるので，有効高さは，$d = 2570/3.96 = 649.0 \cong 650$ mm となる．

このときの引張鉄筋比 p_t は，$p_t = \dfrac{A_s}{bd} = 2570/(1000 \cdot 650) = 0.00395$ となり，つり合い鉄筋比 p_b の 10 ％程度となっており，仮定通り引張破壊する．

以上より，断面の有効高さは 650 mm，引張鉄筋は，D29 を 4 本配筋すればよい．

(3) (1) より，作用荷重 P による支間中央部の作用曲げモーメント M は，$M = 5P$ となるので，平均値が 500 kN·m である．P は変動係数が 20 ％より，標準偏差が 100 kN·m となるため，M の標準偏差は 500 kN·m となる．よって，$M : N(500, 500^2)$ となる．

R は，平均値を μ_R とすると，変動係数 10 ％より，標準偏差が $0.1\mu_R$ となるため，$R : N(\mu_R, (0.1\mu_R)^2)$ とおける．

$Z = R - P$ とおくと，Z の平均値 μ_Z と分散 σ_Z^2 は，

$$\mu_Z = \mu_R - \mu_P = \mu_R - 500$$
$$\sigma_Z^2 = \sigma_R^2 + (-1)^2 \sigma_P^2 = (0.1\mu_R)^2 + 500^2$$

となり，$Z : N(\mu_R - 500, (0.1\mu_R)^2 + 500^2)$ とおける．

したがって，破壊確率 p_f は次式のようになる．

$$p_f = \frac{1}{\sqrt{2\pi}\sigma_Z} \int_{-\infty}^{0} e^{-(1/2)\{(Z-\mu_Z)/\sigma_Z\}^2} \, dz = \frac{1}{\sqrt{2\pi}\sigma_Z} \int_{-\infty}^{-\mu_Z/\sigma_Z} e^{-(1/2)u^2} \sigma_Z \, du$$
$$= \frac{1}{\sqrt{2\pi}} \int_{-\infty}^{-\mu_Z/\sigma_Z} e^{-(1/2)u^2} \, du = \Phi\left(-\frac{\mu_Z}{\sigma_Z}\right) = 1 - \Phi\left(\frac{\mu_Z}{\sigma_Z}\right)$$
$$= 1 - \Phi\left(\frac{\mu_R - 500}{\sqrt{(0.1\mu_R)^2 + 500^2}}\right)$$

ここで，$p_f = 1.0 \times 10^{-3}$ とすると，正規分布表より，$\dfrac{\mu_R - 500}{\sqrt{(0.1\mu_R)^2 + 500^2}} \fallingdotseq 3.09$ となる．これを解くと，$\mu_R \fallingdotseq 2186.2$ kN·m となる．明らかに，$\mu_R > \mu_S$ であるので，求める μ_R は，$\mu_R \fallingdotseq 2186.2$ kN·m となる．

次に，(2) と同様に，引張鉄筋比 $p_t = 0.1p_b = 0.1 \times 0.0396 = 0.00396$ と仮定すると，曲げ耐力は，$\mu_R = 84.79 A_s^2 \geq 2186.2 \times 10^6$ N·mm より，$A_s \geq 5077.8$ mm^2 となる．このときの有効高さは，$d = 5077.8/3.96 = 1282$ mm となる．

以上より，断面の有効高さは 1300 mm，引張鉄筋量は，5077.8 mm^2 以上必要となる．

引張鉄筋に D29 を使用すると，8 本必要となる．したがって，(2) と比較して，断面高さも鉄筋量もおおよそ 2 倍となる．(2) は荷重や耐力が確定的に与えられた場合であり，(3) はそれらにばらつきがある場合の一例であるが，とくに荷重のばらつきが大きいと，構造設計に大きな影響を与えることになる．

4.7 (1) P による構造物の基部における作用曲げモーメント M は，$M = Ph = 5P$ より，平均値が 1000 kN·m，標準偏差が 200 kN·m となるため，$M : N(1000, 200^2)$，R は，平均値を μ_R とすると，変動係数 10 ％より，標準偏差が $0.1\mu_R$ となるため，$R : N(\mu_R, (0.1\mu_R)^2)$

とおける.

$Z = R - P$ とおくと, Z の平均値 μ_Z と分散 σ_Z^2 は,

$$\mu_Z = \mu_R - \mu_P = \mu_R - 1000$$
$$\sigma_Z^2 = \sigma_R^2 + (-1)^2\sigma_P^2 = (0.1\mu_R)^2 + 200^2$$

となり, $Z : N(\mu_R - 1000, (0.1\mu_R)^2 + 200^2)$ とおける.

したがって, 破壊確率 p_f は次式のようになる.

$$p_\mathrm{f} = \frac{1}{\sqrt{2\pi}\sigma_Z} \int_{-\infty}^{0} e^{-(1/2)\{(Z-\mu_Z)/\sigma_Z\}^2} \,\mathrm{d}z = \frac{1}{\sqrt{2\pi}\sigma_Z} \int_{-\infty}^{-\mu_Z/\sigma_Z} e^{-(1/2)u^2} \sigma_Z \,\mathrm{d}u$$

$$= \frac{1}{\sqrt{2\pi}} \int_{-\infty}^{-\mu_Z/\sigma_Z} e^{-\frac{1}{2}u^2} \,\mathrm{d}u = \Phi\left(-\frac{\mu_Z}{\sigma_Z}\right) = 1 - \Phi\left(\frac{\mu_Z}{\sigma_Z}\right)$$

$$= 1 - \Phi\left(\frac{\mu_R - 1000}{\sqrt{(0.1\mu_R)^2 + 200^2}}\right)$$

ここで, $p_\mathrm{f} = 1.0 \times 10^{-2}$ とすると, 正規分布表より, $\dfrac{\mu_R - 1000}{\sqrt{(0.1\mu_R)^2 + 200^2}} \fallingdotseq 2.33$ となる. これを解くと, $\mu_R > \mu_S$ であるので, $\mu_R \fallingdotseq 1596.2$ kN·m となる.

次に, $\mu_R = 1596.2$ kN·m 以上をもつような断面を決定する.

等価応力ブロックを用いて考える. 圧縮側と引張側に同じ鉄筋量を配置すると, 曲げ破壊時(圧縮縁コンクリート圧壊時)に圧縮側の鉄筋は降伏点に達しておらず, 弾性範囲内にあると考えられるので, そのひずみ ε_s' を考慮して計算する必要がある.

$\varepsilon_\mathrm{s}' = \varepsilon_\mathrm{cu}' \dfrac{x - d'}{x}$ であるから, 圧縮鉄筋の応力 σ_s' は,

$$\sigma_\mathrm{s}' = E_\mathrm{s}\varepsilon_\mathrm{s}' = E_\mathrm{s}\varepsilon_\mathrm{cu}' \left(1 - \frac{d'}{x}\right) = E_\mathrm{s}\varepsilon_\mathrm{cu}' \left(1 - \beta\frac{d'}{d} \cdot \frac{d}{a}\right)$$

ここで, $\beta = a/x$ であり, a は等価応力ブロックの高さ, x は中立軸位置 (mm) である.

コンクリートの圧縮合力 C, 圧縮鉄筋の合力 C', 引張鉄筋の合力 T は, $C = k_1 f_\mathrm{c}' ab$, $C' = A_\mathrm{s}'\sigma_\mathrm{s}'$, $T = A_\mathrm{s}f_\mathrm{yd}$ となり, 軸方向のつり合い条件, $T = C + C'$ より,

$$A_\mathrm{s}f_\mathrm{yd} = k_1 f_\mathrm{c}' ab + A_\mathrm{s}'\sigma_\mathrm{s}'$$

となる. この両辺を $bd f_\mathrm{yd}$ で除すと,

$$\frac{A_\mathrm{s}}{bd} = k_1 \frac{f_\mathrm{c}'}{f_\mathrm{yd}} \cdot \frac{a}{d} + \frac{A_\mathrm{s}'}{bd} \cdot \frac{\sigma_\mathrm{s}'}{f_\mathrm{yd}}$$

$$p_\mathrm{t} = \frac{1}{m} \cdot \frac{a}{d} + p_\mathrm{c} \cdot \frac{1}{f_\mathrm{yd}} \cdot E_\mathrm{s}\varepsilon_\mathrm{cu}' \left(1 - \beta\frac{d'}{d} \cdot \frac{d}{a}\right)$$

となる. ここで, $m = \dfrac{f_\mathrm{yd}}{k_1 f_\mathrm{c}'}$ である.

上式を変形して,

$$\left(\frac{a}{d}\right)^2 - m\left(p_\mathrm{t} - p_\mathrm{c}\frac{E_s\varepsilon_\mathrm{cu}'}{f_\mathrm{yd}}\right)\left(\frac{a}{d}\right) - mp_\mathrm{c}\frac{E_s\varepsilon_\mathrm{cu}'}{f_\mathrm{yd}}\beta\frac{d'}{d} = 0$$

とし, この式を a/d について解くと,

$$\frac{a}{d} = \frac{m}{2}\left\{ p_{\mathrm{t}} - p_{\mathrm{c}}\frac{E_{\mathrm{s}}\varepsilon'_{\mathrm{cu}}}{f_{\mathrm{yd}}} + \sqrt{\left(p_{\mathrm{t}} - p_{\mathrm{c}}\frac{E_{\mathrm{s}}\varepsilon'_{\mathrm{cu}}}{f_{\mathrm{yd}}}\right)^2 + p_{\mathrm{c}}\frac{4\beta d'}{md}\cdot\frac{E_{\mathrm{s}}\varepsilon'_{\mathrm{cu}}}{f_{\mathrm{yd}}}}\right\}$$

となる．つり合い鉄筋比は次式のようになる．

$$p_{\mathrm{b}} = \beta k_1 \frac{f'_{\mathrm{c}}}{f_{\mathrm{yd}}}\frac{\varepsilon'_{\mathrm{cu}}}{\varepsilon'_{\mathrm{cu}} + \varepsilon_{\mathrm{y}}}$$

ここで，$k_1 = 1 - 0.003 f'_{\mathrm{c}} = 1 - 0.003 \times 30 = 0.91$，$k_1 \leq 0.85$ より，$k_1 = 0.85$，
$\varepsilon'_{\mathrm{cu}} = \dfrac{155 - f'_{\mathrm{c}}}{30000} = \dfrac{155 - 30}{30000} = 0.00417$，$\varepsilon'_{\mathrm{cu}} \leq 0.0035$ より，$\varepsilon'_{\mathrm{cu}} = 0.0035$ となり，

$$\beta = 0.52 + 80\varepsilon'_{\mathrm{cu}} = 0.52 + 80 \times 0.0035 = 0.8$$

$$\varepsilon_{\mathrm{y}} = \frac{f_{\mathrm{yd}}}{E_{\mathrm{s}}} = \frac{345}{200000} = 0.001725$$

となる．

以上より，

$$p_{\mathrm{b}} = 0.8 \cdot 0.85 \cdot \frac{30}{345} \cdot \frac{0.0035}{0.0035 + 0.001725} = 0.0396 = 3.96\,\%$$

となる．したがって，$b = 1200$ mm，$d = 1100$ mm，$d' = 100$ mm，p_{t}，p_{c} を p_{b} の 10％と仮定すると，$p_{\mathrm{t}} = p_{\mathrm{c}} = 0.1 p_{\mathrm{b}} = 0.1 \times 0.0396 = 0.00396$ であり，最小鉄筋比 0.2％を満足する．

$A_{\mathrm{s}} = A'_{\mathrm{s}} = p_{\mathrm{t}} bd = 0.00396 \times 1200 \times 1100 = 5227.2$ mm^2 となるので，D32 を 7 本使用すると，$A_{\mathrm{s}} = 5559$ mm^2 となる．

よって，

$$\frac{a}{d} = \frac{a}{1100}$$

$$= \frac{\dfrac{345}{0.85 \cdot 30}}{2}\left\{ 0.00396 - 0.00396\frac{2.0 \times 10^5 \cdot 0.0035}{345}\right.$$

$$\left. + \sqrt{\left(0.00396 - 0.00396\frac{2.0 \times 10^5 \cdot 0.0035}{345}\right)^2 + 0.00396\,\frac{4 \cdot 0.8 \cdot 100}{\dfrac{345}{0.85 \cdot 30} \cdot 1100} \cdot \frac{2.0 \times 10^5 \cdot 0.0035}{345}}\right\}$$

$\therefore\ a = 72.08$ mm

となる．これを用いると，$\sigma'_{\mathrm{s}} = 2.0 \times 10^5 \cdot 0.0035\left(1 - 0.8\dfrac{100}{1000} \cdot \dfrac{1000}{72.08}\right) = -76.91$ N/mm^2 となる．以上より，曲げ耐力は，

$$M_{\mathrm{u}} = \left(A_{\mathrm{s}} f_{\mathrm{yd}} - A'_{\mathrm{s}}\sigma'_{\mathrm{s}}\right)(d - 0.5a) + A'_{\mathrm{s}}\sigma'(d - d')$$
$$= (5559 \cdot 345 + 5559 \cdot 76.91)(1100 - 0.5 \cdot 72.08) - 5559 \cdot 76.91(1100 - 100)$$
$$= 2067.9 \text{ kN} \cdot \text{m}$$

となり，1596.2 kN·m 以上となる．

したがって，断面諸元は，$b = 1200$ mm，$A_{\mathrm{s}} = 5559$ mm^2（D32 を 7 本）とする．

(2) 作用荷重 P による作用せん断力 S は，$S = P$ より，$S : N(200, 40^2)$，せん断耐力 V は，平均値を μ_V とすると，変動係数 20％より，標準偏差が $0.2\mu_R$ となるため，$V : N(\mu_V, (0.2\mu_V)^2)$ とおける．

　$Z = V - S$ とおくと，Z の平均値 μ_Z と分散 σ_Z^2 は，

$$\mu_Z = \mu_V - \mu_S = \mu_V - 200$$
$$\sigma_Z^2 = \sigma_V^2 + (-1)^2 \sigma_S^2 = (0.2\mu_V)^2 + 40^2$$

となり，$Z : N(\mu_V - 200, (0.2\mu_V)^2 + 40^2)$ とおける．

　したがって，破壊確率 p_f は次式のようになる．

$$p_f = \frac{1}{\sqrt{2\pi}\sigma_Z} \int_{-\infty}^{0} e^{-(1/2)\{(Z-\mu_Z)/\sigma_Z\}^2} \, dz = \frac{1}{\sqrt{2\pi}\sigma_Z} \int_{-\infty}^{-\mu_Z/\sigma_Z} e^{-(1/2)u^2} \sigma_Z \, du$$

$$= \frac{1}{\sqrt{2\pi}} \int_{-\infty}^{-\mu_Z/\sigma_Z} e^{-(1/2)u^2} \, du = \Phi\left(-\frac{\mu_Z}{\sigma_Z}\right) = 1 - \Phi\left(\frac{\mu_Z}{\sigma_Z}\right)$$

$$= 1 - \Phi\left(\frac{\mu_V - 200}{\sqrt{(0.2\mu_V)^2 + 40^2}}\right)$$

ここで，$p_f \leq 1.0 \times 10^{-3}$ とすると，正規分布表より，$\dfrac{\mu_V - 200}{\sqrt{(0.2\mu_V)^2 + 40^2}} \geq 3.09$ となる．これを解くと，$\mu_V > \mu_S$ であるので，$\mu_V \geq 577.96$ kN となる．

　次に，$\mu_V = 577.96$ kN 以上をもつような断面を決定する．設計せん断耐力 V は，次式で求められる．

$$V = V_{cd} + V_{sd}$$

ここで，V_{cd} はせん断補強筋をもたない棒部材の設計せん断耐力であり，

$$V_{cd} = \frac{\beta_d \cdot \beta_p \cdot \beta_n \cdot f_{vcd} \cdot b_w \cdot d}{\gamma_b}$$

となる．ここで，$f_{vcd} = 0.20 \sqrt[3]{f'_{cd}}$（ただし，$f_{vcd} \leq 0.72$），$\beta_d = \sqrt[4]{\dfrac{1}{d}}$（ただし，$\beta_d > 1.5$ となる場合は $\beta_d = 1.5$），$\beta_p = \sqrt[3]{100 p_w}$（ただし，$\beta_p > 1.5$ となる場合は $\beta_p = 1.5$），$\beta_n = 1 + \dfrac{M_0}{M_d}$（$N'_d \geq 0$ の場合．ただし，$\beta_n > 2$ となる場合は $\beta_n = 2$），$\beta_n = 1 + 2\dfrac{M_0}{M_d}$（$N'_d < 0$ の場合．ただし，$\beta_n > 0$ となる場合は $\beta_n = 0$）であり，N'_d は設計軸方向圧縮力，M_d は設計曲げモーメント，M_0 は設計曲げモーメントに対する断面引張縁において，軸方向力による応力を打ち消すのに必要な曲げモーメントを表し，ディコンプレッションモーメントという．また，b_w はウェブの幅，$b_w = 1200$ mm（(1)より），d は有効高さ，$d = 1100$ mm　（(1)より），p_w は引張主鉄筋比，$p_w = 0.00396$，γ_b は部材係数であり，本問題では 1.0 とする．V_{sd} はせん断補強筋によって受けもたれる設計せん断耐力であり，

$$V_{sd} = \frac{A_w f_{yd}(\sin\alpha + \cos\alpha)z/s}{\gamma_b}$$

となる．ここで，s はせん断補強鉄筋の配置間隔，A_w は区間 s におけるせん断補強鉄筋の

総断面積，α はせん断補強鉄筋と部材軸とのなす角，z はコンクリート圧縮応力の合力の作用位置から引張鋼材図心までの距離で，一般に $z = d/1.15$ としてよい．γ_{b} は部材係数であり，本問題では 1.0 とする．

したがって，

$$f_{vcd} = 0.20\sqrt[3]{30} = 0.621$$

$$\beta_{\mathrm{d}} = \sqrt[4]{\dfrac{1}{1100}} = 0.174$$

$$\beta_{\mathrm{p}} = \sqrt[3]{100 \cdot 0.00396} = 0.734$$

$$\beta_{\mathrm{n}} = 1.0 \ (N_{\mathrm{d}}' \geq 0 \ \text{より，} \ M_0 = 0)$$

$$V_{\mathrm{cd}} = \dfrac{0.174 \times 0.734 \times 1.0 \times 0.621 \times 1200 \times 1100}{1.0} = 104691.4 \ \mathrm{N} = 104.69 \ \mathrm{kN}$$

となる．ここで，帯鉄筋として，D13（$A_s = 126.7 \ \mathrm{mm}^2$）を使用するものとすると，

$$V_{\mathrm{sd}} = \dfrac{(2 \times 126.7) \times 345 \times (\sin 90° + \cos 90°)\dfrac{1100}{1.15 \cdot s}}{1.0} = \dfrac{96165300}{1.15 \cdot s}$$

$$= \dfrac{83622000}{s} \ [\mathrm{N}]$$

となる．よって，$V = 104.69 + \dfrac{83622}{s} = \mu_V = 577.96$ より，$s = 176.69 \ \mathrm{mm}$ となる．

以上より，帯鉄筋は，D13 を 150 mm 間隔で，34 本配置すればよい．

第 5 章

5.1　省略．　　5.2　省略．　　5.3　省略．

第 6 章

6.1　$R = 1 - (1 - 0.90)^3 = 1 - 0.001 = 0.999$

6.2　$1 - (1 - 0.70)^n \geq 0.95$

$n \geq 2.5$ より，少なくとも 3 個の要素が必要である．

6.3　(a) 直列系の信頼度は，$0.95 \times 0.90 = 0.855$ となる．

(b) $1 - (1 - 0.855)^3 = 0.9970$

第 7 章

7.1　省略．

参考文献

1. 日本コンクリート工学協会：コンクリート構造系の安全性評価研究委員会報告集・論文集，1999.

2. 土木学会コンクリート委員会コンクリート標準示方書改訂小委員会 編：2007年制定 コンクリート標準示方書 設計編，土木学会，2008.

3. 尾坂芳夫：コンクリート構造の限界状態設計法の省察，土木学会論文集 No.378/V-6, pp.1-13, 1987.

4. R. PARK and T. PAULA : Reinforced Concrete Structures, A WILEY-INTERSCIENCE PUBLICATION.

5. 三上 操：統計的推測，筑摩書房，1969.

6. E.J.Gumbel 著，河田竜夫・岩井重久・加瀬滋男 訳：極値統計学―極値の理論とその工学的応用，広川書店，1963.

7. 守谷栄一：詳解演習数理統計，日本理工出版会，2000.

8. 繁枡算男：ベイズ統計入門，東京大学出版会，1985.

9. P.トフークリステンセン and M. J. ベイカー 著，室津義定 訳：構造信頼性―理論と応用，シュプリンガー・フェアラーク東京，1986.

10. Structural Safety : ELSEVIER SCIENTIFIC PUBLISHING COMPANY.

11. 市川昌弘：信頼性工学，裳華房，1990.

12. 鈴木基行・秋山充良・山崎康紀：構造系の安全性評価法および RC 橋脚の耐震設計への適用に関する研究，土木学会論文集 No.578/V-37, pp.71-87, 1997.

13. O. Ditlevsen : System Reliability Bounding by Conditioning, Proceeding of American Society of Civil Engineers, Vol.108, No.EM5, pp.708-718, 1982.

14. A.H-S. Ang and W.H. Tang 著，伊藤 学，亀田弘行 訳：土木建築のための確率・統計の応用，丸善，1977.

15. A.H-S. Ang, J. Abdelnour and A.A. Chaker : Analysis of Activity Networks under Uncertainty, Journal of Engineering Mechanics Division, Vol.101,No.EM4, pp.373-387, 1975.

16. 土木学会耐震工学委員会動的相互作用小委員会 編：基礎・地盤・構造系の動的相互作用，土木学会，1992.

17. 北澤壮介・桧垣典人・野田節夫：沖縄県および奄美諸島の大地震時における地盤加速度，港湾技研資料，1981.

18. 石橋忠良・吉野伸一：鉄筋コンクリート橋脚の地震時変形能力に関する研究，土木学会論文集 No.390/V-8, pp.57-66, 1988.

19. T. Takeda, N. Nielse and M.A. Sozen : Reinforced Concrete Response to Simulated Earthquake, Proc. of ASCE, ST. 1970.

20. 土木学会：阪神大震災被害分析と靭性率評価式，コンクリート技術シリーズ No.12, 1996.

21. 清宮 理：構造設計概論，技報堂出版，2003.

22. 土木学会土木構造物荷重指針連合小委員会 編：性能設計における土木構造物に対する作用の指針，土木学会，2008.

■付表　正規分布表（標準正規分布 $N(0,1)$）

z	+0.00	+0.01	+0.02	+0.03	+0.04	+0.05	+0.06	+0.07	+0.08	+0.09
0.0	0.5000	0.5040	0.5080	0.5120	0.5160	0.5199	0.5239	0.5279	0.5319	0.5359
0.1	0.5398	0.5438	0.5478	0.5517	0.5557	0.5596	0.5636	0.5675	0.5714	0.5753
0.2	0.5793	0.5832	0.5871	0.5910	0.5948	0.5987	0.6026	0.6064	0.6103	0.6141
0.3	0.6179	0.6217	0.6255	0.6293	0.6331	0.6368	0.6406	0.6443	0.6480	0.6517
0.4	0.6554	0.6591	0.6628	0.6664	0.6700	0.6736	0.6772	0.6808	0.6844	0.6879
0.5	0.6915	0.6950	0.6985	0.7019	0.7054	0.7088	0.7123	0.7157	0.7190	0.7224
0.6	0.7257	0.7291	0.7324	0.7357	0.7389	0.7422	0.7454	0.7486	0.7517	0.7549
0.7	0.7580	0.7611	0.7642	0.7673	0.7704	0.7734	0.7764	0.7794	0.7823	0.7852
0.8	0.7881	0.7910	0.7939	0.7967	0.7995	0.8023	0.8051	0.8078	0.8106	0.8133
0.9	0.8159	0.8186	0.8212	0.8238	0.8264	0.8289	0.8315	0.8340	0.8365	0.8389
1.0	0.8413	0.8438	0.8461	0.8485	0.8508	0.8531	0.8554	0.8577	0.8599	0.8621
1.1	0.8643	0.8665	0.8686	0.8708	0.8729	0.8749	0.8770	0.8790	0.8810	0.8830
1.2	0.8849	0.8869	0.8888	0.8907	0.8925	0.8944	0.8962	0.8980	0.8997	0.9015
1.3	0.9032	0.9049	0.9066	0.9082	0.9099	0.9115	0.9131	0.9147	0.9162	0.9177
1.4	0.9192	0.9207	0.9222	0.9236	0.9251	0.9265	0.9279	0.9292	0.9306	0.9319
1.5	0.9332	0.9345	0.9357	0.9370	0.9382	0.9394	0.9406	0.9418	0.9429	0.9441
1.6	0.9452	0.9463	0.9474	0.9484	0.9495	0.9505	0.9515	0.9525	0.9535	0.9545
1.7	0.9554	0.9564	0.9573	0.9582	0.9591	0.9599	0.9608	0.9616	0.9625	0.9633
1.8	0.9641	0.9649	0.9656	0.9664	0.9671	0.9678	0.9686	0.9693	0.9699	0.9706
1.9	0.9713	0.9719	0.9726	0.9732	0.9738	0.9744	0.9750	0.9756	0.9761	0.9767
2.0	0.9772	0.9778	0.9783	0.9788	0.9793	0.9798	0.9803	0.9808	0.9812	0.9817
2.1	0.9821	0.9826	0.9830	0.9834	0.9838	0.9842	0.9846	0.9850	0.9854	0.9857
2.2	0.9861	0.9864	0.9868	0.9871	0.9875	0.9878	0.9881	0.9884	0.9887	0.9890
2.3	0.9893	0.9896	0.9898	0.9901	0.9904	0.9906	0.9909	0.9911	0.9913	0.9916
2.4	0.9918	0.9920	0.9922	0.9925	0.9927	0.9929	0.9931	0.9932	0.9934	0.9936
2.5	0.9938	0.9940	0.9941	0.9943	0.9945	0.9946	0.9948	0.9949	0.9951	0.9952
2.6	0.9953	0.9955	0.9956	0.9957	0.9959	0.9960	0.9961	0.9962	0.9963	0.9964
2.7	0.9965	0.9966	0.9967	0.9968	0.9969	0.9970	0.9971	0.9972	0.9973	0.9974
2.8	0.9974	0.9975	0.9976	0.9977	0.9977	0.9978	0.9979	0.9979	0.9980	0.9981
2.9	0.9981	0.9982	0.9982	0.9983	0.9984	0.9984	0.9985	0.9985	0.9986	0.9986
3.0	0.9987	0.9987	0.9987	0.9988	0.9988	0.9989	0.9989	0.9989	0.9990	0.9990
3.1	0.9990	0.9991	0.9991	0.9991	0.9992	0.9992	0.9992	0.9992	0.9993	0.9993
3.2	0.9993	0.9993	0.9994	0.9994	0.9994	0.9994	0.9994	0.9995	0.9995	0.9995
3.3	0.9995	0.9995	0.9995	0.9996	0.9996	0.9996	0.9996	0.9996	0.9996	0.9997
3.4	0.9997	0.9997	0.9997	0.9997	0.9997	0.9997	0.9997	0.9997	0.9997	0.9998
3.5	0.9998	0.9998	0.9998	0.9998	0.9998	0.9998	0.9998	0.9998	0.9998	0.9998
3.6	0.9998	0.9998	0.9999	0.9999	0.9999	0.9999	0.9999	0.9999	0.9999	0.9999
3.7	0.9999	0.9999	0.9999	0.9999	0.9999	0.9999	0.9999	0.9999	0.9999	0.9999
3.8	0.9999	0.9999	0.9999	0.9999	0.9999	0.9999	0.9999	0.9999	0.9999	0.9999
3.9	1.0000	1.0000	1.0000	1.0000	1.0000	1.0000	1.0000	1.0000	1.0000	1.0000

※ 数値は，小数点以下 5 桁目を四捨五入した値.

索　引

著 者 略 歴

鈴木　基行（すずき・もとゆき）

1951 年　1 月 15 日沼津市に生まれる
1975 年　東北大学工学部土木工学科卒業
1977 年　東北大学大学院工学研究科修士課程修了
1978 年　東北大学大学院工学研究科博士課程中退
1978 年　東北大学助手（工学部）
1988 年　工学博士（東北大学）
1989 年　東北大学助教授（工学部）
1994 年　建設省土木研究所地震防災部主任研究員
1996 年　東北大学助教授（工学部）
1997 年　東北大学教授（大学院工学研究科土木工学専攻）
　　　　　現在に至る

構造物信頼性設計法の基礎　　　　　　　　　© 鈴木基行　*2010*

2010 年 12 月 1 日　第 1 版第 1 刷発行　　　【本書の無断転載を禁ず】

著　　　者　鈴木基行
発 行 者　森北博巳
発 行 所　森北出版株式会社
　　　　　　東京都千代田区富士見 1-4-11（〒 102-0071）
　　　　　　電話 03-3265-8341 ／ FAX 03-3264-8709
　　　　　　http://www.morikita.co.jp/
　　　　　　日本書籍出版協会・自然科学書協会・工学書協会　会員
　　　　　　JCOPY ＜（社）出版者著作権管理機構 委託出版物＞

落丁・乱丁本はお取替えいたします　印刷／ワコープラネット・製本／協栄製本

Printed in Japan ／ ISBN978-4-627-46641-8

構造物信頼性設計法の基礎［POD 版］

2022 年 11 月 15 日発行

著者　　　鈴木基行

印刷　　　大日本印刷株式会社
製本　　　大日本印刷株式会社

発行者　　森北博巳
発行所　　森北出版株式会社
　　　　　〒102-0071　東京都千代田区富士見 1-4-11
　　　　　03-3265-8342（営業・宣伝マネジメント部）
　　　　　https://www.morikita.co.jp/